普通高等院校工程训练系列教材

特种加工实训

主　编　李海艳　刘世平
副主编　骆继民　赵　轶

科学出版社
北　京

内 容 简 介

　　本书是在培养学生的自主精神、创新意识和工程概念的教育方针指导下,根据制造技术的最新进展与需求,针对特殊零件的加工,讲解特种加工技术的基础知识和常用的特种加工方法的原理及应用。主要包括电火花加工的基本原理、分类及其加工规律;电火花加工机床及加工实例;电化学加工原理及应用;激光加工技术;电子束和离子束加工技术和超声加工技术等。

　　本书可作为高等院校工程训练课程配套教材,也可供工程技术人员参考使用。

图书在版编目(CIP)数据

特种加工实训/李海艳,刘世平主编. —北京:科学出版社,2009
(普通高等院校工程训练系列教材)
ISBN 978-7-03-025071-1

Ⅰ.特… Ⅱ.①李…②刘… Ⅲ.特种加工-高等学校-教材 Ⅳ.TG66

中国版本图书馆 CIP 数据核字(2009)第 127510 号

责任编辑:孙明星 / 责任校对:陈玉凤
责任印制:徐晓晨 / 封面设计:耕者设计工作室

科 学 出 版 社 出版
北京东黄城根北街 16 号
邮政编码:100717
http://www.sciencep.com

北京厚诚则铭印刷科技有限公司 印刷
科学出版社发行 各地新华书店经销

*

2009 年 8 月第 一 版　　开本:B5 (720×1000)
2017 年 6 月第六次印刷　　印张:6 3/4
字数:123 000

定价:36.00 元

(如有印装质量问题,我社负责调换)

序

　　按照教育部工程材料及机械制造基础课程教学指导组提出的"学习工艺知识，增强工程实践能力，提高综合素质(包括工程素质)，培养创新精神和创新能力"的课程教学目标，华中科技大学工程训练中心经过多年努力，建立了完善的工程训练机制，充分挖掘传统工程训练项目的内涵，发挥先进制造技术训练项目的优势，全面开展分层次、模块化、柔性化和开放式的工程训练活动，把创新实践融入工程训练的全过程中。通过作品创意设计、方案论证、工艺确定、加工制作、作品答辩等一系列环节，培养学生完整的工程意识、创新意识和综合能力。

　　在整合金工实习和电子工艺实习的基础上，突破原有的课程体系和内容的束缚，加强各主要实训部分教学内容之间的交叉与融合，注重提高学生的职业技能与素质，增强就业竞争力，建立了"主动实践，应用领先、边界再设计"、以提高学生综合能力和创新思维为主线的工程训练课程新体系。根据工程实践教学的基本特点，组织骨干教师，认真策划与实施，编写了此套工程训练系列教材。该系列教材重视理论紧密联系实际，提倡学习是基础，思考是关键，创新之根在于实践。通过一系列实践教学环节建立学生的创新意识，培养创新能力；通过构建相应的教学方法和教学手段，将创新教育有机地融入实践教学之中。

　　该系列教材由《冷加工技术》、《材料成形技术》、《特种加工技术》、《机械装配技术》、《机械创新设计技术》和《电子创新设计技术》组成，并配有相应的实验训练设备和实践教学模块。其内容覆盖面宽，知识反映面新，体现出现代工业技术综合性、多学科交叉与融合的特点，能够满足不同学科培养复合型、创造性人才的需要。该系列教材在内容和教学方法上强调综合，强调大工程背景，强化工程意识和工程实践能力的培养，尽力结合工业产品开发、设计、制造的全过程；大量增加了新材料、新技术、新工艺等"三新"内容，体现出科学技术的最新发展，使传统的金工实习和电子工艺实习平稳地朝现代工业培训的方向发展。

　　该系列教材以学生为主体，以教师为主导，在课程教学中实行以典型产品为载体的教学模式，突出先进制造技术的模块化教学，以主动工程实践的要求训练学生，以创新之根在于实践的精神培训学生，以组织参加大赛方式来促进常规创新活动，发现高端人才，显著提高了实践教学质量和教学效果。

　　该系列教材所展现的教学体系与教学内容，紧紧围绕人才培养目标，以教育观念创新为先导，以学生为本、质量为重为基本原则，利用工程训练中心良好的教学基础条件，依托机械、材料、交通、能源等学科优势，跟踪现代工程技术领域不断出现的新技术、新方法，借助现代化的教学手段，充分挖掘工程训练中心的教育教学功能,积极探索和构建符合高素质人才成长要求的工程训练教学体系,实现了从"被动学习、被动实践"向"主动学习、主动实践"的转变,开创出一条培养学生综合素质和综合能力的有效途径。

傅水根

国家级教学名师

清华大学基础工业训练中心主任

教育部高等学校机械学科教学指导委员会委员

兼机械基础课程指导分委员会副主任委员

2008 年 8 月

前　言

随着材料科学的不断发展,各种使用性能优异的材料不断涌现,但也有相当多的材料同时存在工艺性较差的问题,如高熔点、高硬度、高脆性、高韧性等,采用传统的制造方法难以满足相关的技术要求。生产上也有许多形状、结构特殊或复杂的零件,诸如高精度细长件、薄壁件、弹性元件、异型孔、窄缝等,采用传统制造方法较难完成。还有一些特殊的成形要求,比如准确复制皮革纹理到金属制品表面上等。这都促进了特种加工技术的发展。

特种加工意指采用不同于传统机械制造方法的工艺原理来进行材料成形或表面加工。目前,已有多达几十种的特种加工方法,解决了传统材料成形或切削加工方法难以解决的诸多问题,在机械制造行业发挥着越来越重要的作用。随着技术的进步,原来价格昂贵的一些特种加工设备、附件和耗材价格逐渐下降,各种特种加工方法也日渐普及。

当前,全国范围内传统金工实习内涵、边界不断在拓展,现代制造部分的比例不断提高。随着各高校不断增加对工程实践训练的投入,全国许多高校的工程训练中心都配置了特种加工设备和相应的实习项目。

为吸收当前特种加工领域的新发展,进一步提高特种加工实习教学质量,本书编者总结了近些年所承担的相关教学改革项目和多年指导特种加工实习的经验,编写了此书。本书由李海艳、刘世平主编,参与本书编写的还有赵轶、骆继民、王伟利、马宁等。

本书以电火花线切割加工、激光加工、快速原型制造、电火花原型加工等为主要内容,还包括电子束加工技术、离子束加工技术、电化学加工等特种加工方法。因为本书主要面向工程实训,编写时编者力求文字简洁易懂,对于各种特种加工工艺理论不作过多探讨,强调与工程实训现场教学密切结合,对于实训内容,力求详尽,以便于学生自学,希望基本做到在实习过程中可以根据此书所提供的内容直接进行相关的操作。

本书编写得到了华中科技大学金工实践教学指导委员会主任杨家军教授、华中科技大学工程实训中心主任汪春华副研究员、副主任贝恩海高级工程师、周立高级工程师、周世权副教授等,以及机械制造技术基础课程组全体老师的大力支持,在此向他们表示衷心感谢!

本书参考和引用了不少同类教材和同行们的资料，在此也向相关的作者表示衷心感谢！

限于编者水平，书中难免有不足之处，恳请读者批评指正。

编　者

2009 年 5 月

目　　录

第1章 概　　论

1.1　特种加工的产生与发展

20 世纪 50 年代以来,根据生产发展和科学实验的需要,很多工业部门,尤其是国防工业部门要求产品朝高精度、高速度、高温、高压、大功率、小型化等方向发展,所用的材料越来越难加工,零件形状越来越复杂,精度、表面粗糙度和某些特殊要求也越来越高,对机械制造部门提出了下列新的要求:

(1) 各种难切削材料的加工问题,如硬质合金、软合金、耐热钢、不锈钢、淬火钢、金刚石、宝石、石英以及锗、硅等各种高硬度、高强度、高韧性、高脆性的金属及非金属材料的加工。

(2) 各种特殊复杂表面的加工问题,如发动机匣、整体涡轮、喷气涡轮机叶片、锻压模和注射模的立体成形表面,各种冲模、冷拔模上特殊断面的型孔、炮管内膛线、喷油嘴、栅网、喷丝头上的小孔、窄缝等的加工。

(3) 各种超精、光整或具有特殊要求的零件的加工问题,如细长轴、薄壁零件、伺服阀、弹性元件等低刚度零件的加工,以及对表面质量和精度要求很高的航空航天陀螺仪的加工。

在生产的迫切需求下,人们相继探索研究新的加工方法,于是各种区别于传统切削加工方法的特种加工方法先后应运而生。目前,特种加工技术已成为机械制造技术中不可缺少的一个组成部分。

特种加工不是主要依靠机械能,而是主要借助电能、热能、声能、光能、电化学能等能量或其复合以实现材料切除的加工方法,与机械加工方法相比具有许多独到之处:

(1) 加工范围不受材料物理、机械性能的限制,能加工任何硬的、软的、脆的、耐热或高熔点金属以及非金属材料。

(2) 易于加工复杂型面、微细表面以及柔性零件。

(3) 易获得良好的表面质量,热应力、残余应力、冷作硬化、热影响区以及毛刺等均比较小。

(4) 各种加工方法易复合形成新工艺方法,便于推广应用。

为进一步提高特种加工技术水平并扩大应用范围,当前特种加工技术的总体发展趋势主要有以下三个方面:

(1) 采用自动化技术。充分利用计算机技术对特种加工设备的控制系统、电源系统进行优化,建立综合参数自适应控制装置、数据库等,进而建立特种加工的 CAD/CAM 与 FMS 系统,这是当前特种加工技术的主要发展方向。

(2) 开发新工艺方法及复合工艺。为适应产品的高技术性能要求与新型材料的加工要求,需要不断开发新工艺方法,如工程陶瓷、复合材料以及聚晶金刚石等,由于具有特殊的加工性,要求采用新的工艺方法,有时还要求采用新的复合工艺方法。

(3) 趋向精密化研究。高技术的发展促使高技术产品朝超精密化与小型化方向发展,对产品零件的精度与表面粗糙度提出更严格的要求。为适应这一发展趋势,特种加工的精密化研究已引起人们的高度重视,因此,大力开发用于超精加工的特种加工技术已成为重要的发展方向。

1.2 特种加工的分类与综合比较

特种加工技术所包含的范围非常广,随着科学技术的发展,特种加工技术的内容也不断丰富。特种加工的分类还没有明确的规定,一般按能量来源和作用形式以及加工原理可分为表 1-1 所示的形式。

表 1-1 特种加工的分类

特种加工方法		能量来源及形式	作用原理	英文缩写
电火花加工	电火花成形加工	电能、热能	熔化、气化	EDM
	电火花线切割加工	电能、热能	熔化、气化	WEDM
电化学加工	电解加工	电化学能	金属离子阳极溶解	ECM(ELM)
	电解磨削	电化学能、机械能	阳极溶解、磨削	EGM(ECG)
	电解研磨	电化学能、机械能	阳极溶解、研磨	ECH
	电铸	电化学能	金属离子阴极沉淀	EFM
	涂镀	电化学能	金属离子阴极沉淀	EPM
激光加工	激光切割、打孔	光能、热能	熔化、气化	LBM
	激光打标记	光能、热能	熔化、气化	LBM
	激光处理、表面改性	光能、热能	熔化、相变	LBT
电子束加工	切割、打孔、焊接	电能、热能	熔化、气化	EBM
离子束加工	蚀刻、镀覆、注入	电能、动能	原子撞击	IBM
等离子弧加工	切割(喷镀)	电能、热能	熔化、气化(涂覆)	PAM
超声加工	切割、打孔、雕刻	声能、机械能	磨料高频撞击	USM
化学加工	化学铣削	化学能	腐蚀	CHM
	化学抛光	化学能	腐蚀	CHP
	光刻	化学能	光化学腐蚀	PCM

由表 1-1 可以看出,除了借助于化学能或机械能的加工方法以外,大多数常用的特种加工方法均为直接利用电能或电能所产生的特殊作用而进行的加工方法,通常将这些方法统称为电加工。

20 世纪 60 年代以来,为了进一步开拓特种加工技术,以多种能量同时作用、相互取长补短的复合加工技术得到迅速发展,如电解磨削、电火花磨削、电解放电加工、超声电火花加工等。常用特种加工方法综合比较见表 1-2。

表 1-2　常用特种加工方法综合比较

加工方法	可加工材料	工具损耗率/%(最低/平均)	材料去除率/(mm²/min)(平均/最高)	可达到尺寸精度/mm(平均/最高)	可达到表面粗糙度 Ra/μm(平均/最高)	主要适用范围
电火花加工		0.1/10	30/3000	0.03/0.003	10/0.04	从数微米的孔、槽到数米的超大型模具、工件等,如圆孔、方孔、异型孔、深孔、微孔、弯孔、螺纹孔以及冲模、锻模、压铸模、塑料模、拉丝模;还可以刻字、表面强化、涂覆加工
电火花线切割加工	任何导电的金属材料如硬质合金、耐热钢、不锈钢、淬硬钢、钛合金等	较小(可补偿)	20/200	0.02/0.002	5/0.32	切割各种冲模、塑料模、粉末冶金模等二维及三维直纹面组成的模具及零件,可直接切割各种样板、碳钢、硅钢片冲片,也常用于钼、钨、半导体材料或贵重金属的切割
电解加工		不损耗	100/10000	0.1/0.01	1.25/0.16	从细小零件到 1t 的超大型工件及模具,如仪表微型小轴、齿轮上的毛刺、涡轮叶片、炮管腔线、螺旋花键孔、各种异型孔、锻造模、铸造模以及抛光、去毛刺等
电解磨削		1/50	1/100	0.02/0.001	1.25/0.04	硬质合金等难加工材料的磨削,如硬质合金刀具、量具、轧辊、小孔、深孔、细长杆磨削以及超精光研磨、衍磨
超声加工	任何脆性材料	0.1/10	1/50	0.03/0.005	0.63/0.16	加工、切割脆硬材料,如玻璃、石英、宝石、金刚石、半导体单晶锗、硅等;可加工型孔、型腔、小孔、深孔及切割等

加工方法	可加工材料	工具损耗率/%(最低/平均)	材料去除率/(mm²/min)(平均/最高)	可达到尺寸精度/mm(平均/最高)	可达到表面粗糙度 Ra/μm(平均/最高)	主要适用范围
激光加工	任何材料	不损耗(三种加工,没有成形的工具)	瞬时去除率很高,受功率限制,平均去除率不高	0.01/0.001	10/0.4	精密加工小孔、窄缝及成形切割、刻蚀,如金刚石拉丝模、钟表宝石轴承、化纤喷丝孔、镍、不锈钢板上打小孔,切割钢板、石棉、纺织品、纸张,还可焊接、热处理
电子束加工						在各种难加工材料上打微孔、切缝、蚀刻、曝光及焊接等,现常用于制造中、大规模集成电路微电子器件
离子束加工			很低	/0.01μm	/0.01	对零件表面进行超精密、超微量加工、抛光、刻蚀、掺杂、镀覆等

第2章 电火花加工工艺

电火花是一种自激放电。火花放电不同于弧光放电、辉光放电等其他形式的自激放电。

火花放电的两个电极间在放电前具有较高的电压。当两电极接近时,其间隙介质被击穿后,随即发生火花放电。伴随击穿过程,两电极间的电阻急剧变小,两极之间的电压也随之急剧变低。火花通道必须在维持短暂的时间后及时熄灭,才能保持火花放电的"冷极"特性(即通道能量转换的热能小,才可保持火花放电来不及传至电极纵深),使通道能量作用于极小范围。通道能量的作用,可使电极局部被腐蚀。

电火花加工又称放电加工(electrical discharge machining,EDM),是一种直接利用电能和热能进行加工的新工艺。电火花加工与金属切削加工的原理完全不同,在加工过程中,工具和工件并不接触,而是靠工具和工件之间不断的脉冲性火花放电,产生局部、瞬时的高温把金属材料逐步熔化和气化蚀除掉。由于放电过程中可见到火花,故国内称为电火花加工,日本、英国、美国称为放电加工,俄罗斯称为电蚀加工。目前这一工艺技术已广泛用于加工淬火钢、不锈钢、模具钢、硬质合金等难加工材料,用于加工模具等具有复杂表面的零部件,在民用和国防工业中获得越来越多的应用,已成为切削加工的重要补充和发展。

2.1 电火花加工的基本原理及其分类

2.1.1 电火花加工的原理及必要条件

电火花加工是在一定介质中,利用基于正、负电极间脉冲放电时的电腐蚀现象对材料进行加工,以使零件的尺寸、形状和表面质量达到预定要求的加工方法,又称为放电加工、电蚀加工、电脉冲加工等,是一种利用电、热能进行加工的方法,是从 20 世纪 40 年代开始研究并逐步应用到生产中的。

早在 19 世纪初,人们就发现,插头或电器开关触点在闭合或断开时,会出现明亮的蓝白色的火花,因而烧损接触部位。人们在研究如何延长电器触头使用寿命过程中,认识了产生电腐蚀的原因,掌握了放电腐蚀的规律。原苏联的学者拉扎连柯夫妇在研究电腐蚀现象的基础上,首次将电腐蚀原理运用到了生产制造领域。电器触点电腐蚀后的形貌是随机的,没有确定的尺寸和公差。要使电腐蚀原理用于导电材料的尺寸加工,必须解决如下几个问题:

(1) 电极之间始终保持确定的距离(通常为几微米至几百微米)。因为电火花的产生是由于电极间的介质被击穿;在电压、介质状态等条件不变的情况下,击穿直接决定于极间距离,只有极间距离稳定,才能获得连续稳定的放电。

(2) 放电点的局部区域达到足够高的电流密度(一般为 $10^5 \sim 10^6\,\text{A/cm}^2$)。这样,放电时所产生的热量才能确保被加工材料表面局部瞬时熔化、气化,否则只能加热被加工材料。

(3) 必须是脉冲性的放电(脉宽 $10^{-7} \sim 10^{-3}\,\text{s}$,脉间不小于 $10\,\mu\text{s}$)。放电时间短才能确保放电所产生的热量来不及扩散到被加工材料内部而集中在局部,使局部的材料产生熔化、气化而被蚀除;否则,像持续电弧放电那样,使表面烧伤而无法用作尺寸加工。

(4) 火花放电必须在有一定绝缘性能的液体介质中进行,如煤油、皂化液等工作液,它们必须具有较高的绝缘强度($10^3 \sim 10^7\,\Omega\cdot\text{cm}$),以利于产生脉冲性的火花放电。同时必须及时排除电极间的电蚀产物(加工过程中产生的金属小屑、炭黑等),以确保电极间介电性能的稳定;否则,电蚀产物将充塞在电极间形成短路,无法正常加工。

解决上述问题的办法是:使用脉冲电源和放电间隙自动进给控制系统,在具有一定绝缘强度和一定黏度的电介质中进行放电加工。

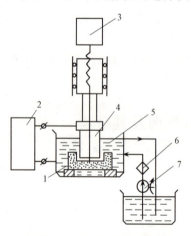

图 2-1 所示为电火花加工系统。工件 1 与工具 4 分别与脉冲电源 2 的两输出端相连接。自动进给调节装置 3(此处为电动机及丝杆螺母机构)使工具和工件间经常保持一个很小的放电间隙,当脉冲电压加到两极之间时,便在当时条件下相对某一间隙最小处或绝缘强度最低处击穿介质,在该局部产生火花放电,瞬时高温使工具和工件表面都蚀除掉一小部分金属,各自形成一个小凹坑,如图 2-2 所示。其中,图 2-2(a)表示单个脉冲放电后的电蚀坑,图 2-2(b)表示多次脉冲放电后的电极表面。脉冲放电结束后,经过一段间隔时间(即脉冲间隔 t_0),使工作液恢复绝缘后,第二个脉冲电压又加到两极上,又会在当时极间距离相对最近或绝缘强度最弱处

图 2-1 电火花加工原理图

1-工件;2-脉冲电源;3-自动进给调节装置;
4-工具;5-工作液;6-过滤器;7-工作液泵

击穿放电,又电蚀出一个小凹坑。这样以相当高的频率,连续不断地重复放电,工具电极不断地向工件进给,就可将工具的形状反向复制在工件上,加工出所需要的零件。整个加工表面是由无数个小凹坑所组成的。

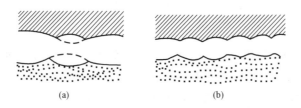

图 2-2 电火花加工表面局部放大图

2.1.2 电火花加工的特点及应用

1. 电火花加工的主要优点

(1) 适合于难切削材料的加工。由于加工中材料的去除是靠放电时的电热作用实现的,材料的可加工性主要取决于材料的导电性及其热学特性,如熔点、沸点、比热容、热导率、电阻率等,而几乎与其力学性能(硬度、强度等)无关。这样可以突破传统切削加工对刀具的限制,可以实现用软的工具加工硬韧的工件,甚至可以加工像聚晶金刚石、立方氮化硼一类的超硬材料。目前电极材料多采用纯铜(俗称紫铜)或石墨,因此工具电极较容易加工。

(2) 可以加工特殊及复杂形状的零件。由于加工中工具电极和工件不直接接触,没有机械加工宏观的切削力,因此适宜加工低刚度工件及微细加工。由于可以简单地将工具电极的形状复制到工件上,因此特别适用于复杂表面形状工件的加工,如复杂型腔模具加工等。数控技术的采用使得用简单的电极加工复杂形状零件也成为可能。

2. 电火花加工的局限性

(1) 主要用于加工铜等导电材料,但在一定条件下也可以加工半导体和非导体材科。

(2) 一般加工速度较慢。因此通常安排工艺时多采用切削来去除大部分余量,然后再进行电火花加工以求提高生产率。但最近新的研究成果表明,采用特殊水基不燃性工作液进行电火花加工,其生产率甚至可不亚于切削加工。

(3) 存在电极损耗。由于电极损耗多集中在尖角或底面,影响成形精度。但近年来粗加工时已能将电极相对损耗比降至 0.1% 以下,甚至更小。

由于电火花加工具有许多传统切削加工所无法比拟的优点,因此其应用领域日益扩大,目前已广泛应用于机械(特别是模具制造)、宇航、航空、电子、电气、仪器仪表、汽车、拖拉机、轻工等行业,以解决难加工材料及复杂形状零件的加工问题。加工范围已达到小至几微米的小轴、孔、缝,大到几米的超大型模具零件。

2.1.3 电火花加工工艺方法分类

按工具电极和工件相对运动的方式和用途的不同，大致可分为电火花穿孔成形加工、电火花线切割加工、电火花内孔、外圆和成形磨削加工、电火花同步共轭回转加工、电火花高速小孔加工、电火花表面强化与刻字六大类。前五类属于电火花成形、尺寸加工方法，是用于改变零件形状或尺寸的加工方法；后者则属于表面加工方法，用于改善或改变零件表面性质。以上以电火花穿孔成形加工和电火花线切割应用最为广泛。总的分类情况及各类加工方法的主要特点和用途见表2-1。

表 2-1 电火花加工工艺分类

类别	工艺方法	特点	用途	备注
1	电火花穿孔成形加工	工具和工件间主要只有一个相对的伺服进给运动；工具为成形电极，与被加工表面有相同的截面和相应的形状	穿孔加工：加工各种冲模、挤压模、粉末冶金模、各种异型孔及微孔等；型腔加工：加工各类型腔模以及各种复杂的型腔零件	约占电火花机床总数的30%，典型机床有D715、D7140等电火花穿孔成形机床
2	电火花线切割加工	工具电极为顺电极丝轴线方向移动着的线状电极；工具与工件在两个水平方向同时有相对伺服进给运动	切割各种冲模和具有直纹面的零件；下料、截割和窄缝加工	约占电火花机床总数的60%，典型机床有DK7725、DK7740等数控电火花线切割机床
3	电火花内孔、孔、外圆和成形磨削	工具与工件有相对的旋转运动；工具和工件间有径向和轴向的进给运动	加工高精度、表面粗糙度值小的小孔，如拉丝模、挤压模、微型轴承内环、钻套等；加工外圆、小模数滚刀等	约占电火花机床总数的3%，典型机床有D6310电火花小孔内圈磨床等
4	电火花同步共轭回转加工	成形工具与工件均做旋转运动，但二者角速度相等或成整数倍，相对应接近的放电点可有切向相对运动速度；工具相对工件可做纵、横向进给运动	以同步回转、展成回转、倍角速度回转等不同方式，加工各种复杂型面的零件，如高精度的异形齿轮、精密螺纹环规，高精度、高对称度、表面粗糙度值小的内、外回转体表面等	约占电火花机床总数不足1%，典型机床有JN-1、JN-8等内外螺纹加工机床
5	电火花高速小孔加工	采用细管（外径0.3～3mm）电极，管内冲入高压水基工作液；细管电极旋转穿孔速度很高（30～60mm/min）	线切割穿丝预孔；深径比很大的小孔，如喷嘴等	约占电火花机床总数的2%，典型机床有D703A电火花高速小孔加工机床
6	电火花表面强化与刻字	工具在工件表面振动，在空气中放火花；工具相对工件移动	模具刃口，刀、量具刃口表面强化和镀覆；电火花刻字、打印记	约占电火花机床总数的1%～2%，典型设备有D9105电火花强化机等

2.2 电火花加工中的一些基本规律

2.2.1 影响材料放电腐蚀的主要因素

电火花加工过程中,材料被放电腐蚀的规律是十分复杂的综合性问题。研究影响材料放电腐蚀的因素,对于应用电火花加工方法,提高电火花加工的生产率以及降低工具电极的损耗是极为重要的。

1. 极性效应

在电火花加工过程中,无论是正极还是负极,都会受到不同程度的电蚀。即使是相同材料,如钢加工钢,正、负电极的电蚀量也是不同的。这种单纯由于正、负极性不同而彼此电蚀量不一样的现象叫做极性效应。如果两极材料不同,则极性效应更加复杂。在生产中,通常把工件接脉冲电源的正极(工具电极接负极)时,称"正极性"加工;反之,工件接脉冲电源的负极(工具电极接正极)时,称"负极性"加工,又称"反极性"加工。

产生极性效应的原因很复杂,对这一问题的笼统解释是:在火花放电过程中,正、负电极表面分别受到负电子和正离子的轰击和瞬时热源的作用,在两极表面所分配到的能量不一样,因而熔化、气化抛出的电蚀也不一样。这是因为电子的质量和惯性均小,容易获得很高的加速度和速度,在击穿放电的初始阶段就有大量的电子奔向正极,把能量传递给阳极表面,使电极材料迅速熔化和气化;而正离子则由于质量和惯性较大,启动和加速较慢,在击穿放电的初始阶段,大量的正离子来不及到达负极表面,到达负极表面并传递能量的只有一小部分离子。所以在用短脉冲加工时,电子的轰击作用大于离子的轰击作用,正极的蚀除速度大于负极的蚀除速度,这时工件应接正极。当采用长脉冲(即放电持续时间较长)加工时,质量和惯性大的正离子将有足够的时间加速,到达并轰击负极表面的离子将随放电时间的增长而增多;由于正离子的质量大,对负极表面的轰击破坏作用强,同时自由电子挣脱负极时要从负极获取逸出功,而正离子到达负极后与电子结合释放位能,故负极的蚀除速度将大于正极,这时工件应接负极。因此,当采用窄脉冲(如纯铜电极加工钢时,$t_i < 10\mu s$)精加工时,应选用正极性加工;当采用宽脉冲(如纯钢加工钢时,$t_i > 80\mu s$)组加工时,应采用负极性加工,可以得到较高的蚀除速度和较低的电极损耗。

能量在两极上的分配对两个电极电蚀量的影响是一个极为重要的因素,而电子和正离子对电极表面的轰击则是影响能量分布的主要因素,因此,电子轰击和离子轰击无疑是影响极性效应的重要因素。但是,近年来的生产实践和研究结果表明,正的电极表面能吸附、分解游离出来的碳微粒,减小电极损耗。此外,覆盖和镀覆作用对极性效应的影响在某些条件下也不可忽视。例如,纯铜电极加工钢工件,当脉宽为$8\mu s$时,通常的脉冲电源必须采用正极性加工;但在用分组脉冲进行加工时,虽然脉宽也为$8\mu s$,却需采用负极性加工,这时在正极纯铜表面明显地存在着吸附的炭黑膜,保护了正极,因而使钢工件负极的蚀除速度大大超过了正极。在普通脉冲电源上的实验也证实了炭黑膜对极性效应的影响,当采用脉宽为$12\mu s$、脉间为$15\mu s$的脉冲时,往往正极蚀除速度大于负极,应采用正极性加工。当脉宽不变时,逐步把脉间减少(应配之以拾刀,以防止拉弧),使其有利于炭黑膜在正极上的形成时,就会使负极蚀除速度大于正极而必须改用负极性加工。实际上是极性效应即正极吸附炭黑之后对正极的保护作用的综合效果。

由此可见,极性效应是一个较为复杂的问题。除了脉宽、脉间的影响外,还有脉冲峰值电流、放电电压、工作液以及电极对的材料等都会影响到极性效应。

从提高加工生产率并减少工具损耗的角度来看,极性效应越显著越好,故在电火花加工过程中必须充分利用。当用交变的脉冲电流加工时,单个脉冲的极性效应便相互抵消,增加了工具的损耗。因此,电火花加工一般都采用单向脉冲电源。

为了充分地利用极性效应,最大限度地降低工具电极的损耗,应合理选用工具电极的材料,根据电极对材料的物理性能、加工要求选用最佳的电参数,正确地选用极性,使工件的蚀除速度最高,工具损耗尽可能小。

2. 电参数对电蚀量的影响

研究结果表明,在电火花加工过程中,无论正极或负极,都存在单个脉冲的蚀除量q'与单个脉冲能量W_M在一定范围内成正比的关系。某一段时间内的总蚀除量q约等于这段时间内各单个有效脉冲蚀除量的总和,故正、负极的蚀除速度与单个脉冲能量、脉冲频率成正比。用公式表示为

$$\left.\begin{array}{l} q_a = K_a W_M f\varphi t \\ q_c = K_c W_M f\varphi t \end{array}\right\} \tag{2-1}$$

$$\left.\begin{array}{l} v_a = \dfrac{q_a}{t} = K_a W_M f\varphi \\ v_c = \dfrac{q_c}{t} = K_c W_M f\varphi \end{array}\right\} \tag{2-2}$$

式中:q_a、q_c——正极、负极的总蚀除量;

$\qquad v_a$、v_c——正极、负极的蚀除速度,也就是工件生产率或工具损耗速度;

$\qquad W_M$——单个脉冲能量;

$\qquad f$——脉冲频率;

$\qquad t$——加工时间;

$\qquad K_a$、K_c——与电极材料、脉冲参数、工作液等有关的工艺系数;

$\qquad \varphi$——有效脉冲利用率。

以上符号中,角标 a 表示正极,c 表示负极。

单个脉冲放电所释放的能量取决于极间放电电压、放电电流和放电持续时间,所以单个脉冲放电能量为

$$W_M = \int_0^{t_c} u(t)i(t)\mathrm{d}t \qquad (2\text{-}3)$$

式中:t_c——单个脉冲实际放电时间(s);

  $u(t)$——放电间隙中随时间而变化的电压(V);

  $i(t)$——放电间隙中随时间而变化的电流(A);

  W_M——单个脉冲放电能量(J)。

由于火花放电间隙的电阻的非线性特性,击穿后间隙上的火花维持电压是一个与电极对材料及工作液种类有关的数值(如在煤油中用纯铜加工钢时约为 25V,用石墨加工钢时为 30~35V;而在乳化液中用钢丝加工钢时则为 16~18V)。火花维持电压与脉冲电压幅值、极间距离以及放电电流大小等的关系不大,因而可以说,正、负极的电蚀量正比于平均放电电流的大小和电流脉宽;对于矩形波脉冲电流,实际上正比于放电电流的幅值。在通常的晶体管脉冲电源中,脉冲电流近似地为一矩形波,故纯铜电极加工钢时的单个脉冲能量为

$$W_M = (20 \sim 25)\hat{i}_e t_e \qquad (2\text{-}4)$$

式中:$\hat{i}_e$——脉冲电流幅值(A);

  t_e——电流脉宽(μs)。

由此可见,提高电蚀量和生产率的途径在于,提高脉冲频率 f;增加单个脉冲能量 W_M,或者说增加平均放电电流 $\bar{i}_e$(对矩形脉冲即为峰值电流 $\hat{i}_e$)和脉冲宽度加减小脉间 t_i;设法提高系数 K_a、K_c。当然,实际生产时要考虑到这些因素之间的相互制约关系和对其他工艺指标的影响,如脉冲间隔时间过短,将产生电弧放电;随着单个脉冲能量的增加,加工表面粗糙度值也随之增大等。

3. 金属材料热学常数对电蚀量的影响

所谓热学常数是指熔点、沸点(汽化点)、热导率、比热容、熔化热、汽化热等。表 2-2 所列为几种常用材料的热学常数。

表 2-2 常用材料的热学物理常数

热学物理常数	材料				
	铜	石墨	钢	钨	铝
熔点 $T_r/℃$	1083	3727	1535	3410	657
比热容 $c/(\mathrm{J/(kg \cdot K)})$	393.65	1674.7	695.0	154.91	1004.8
熔化热 $q_r/(\mathrm{J/kg})$	179258.4	—	209340	159098.4	385185.6

続表

热学物理常数	材料				
	铜	石墨	钢	钨	铝
沸点 T_f/℃	2595	4830	3000	5930	2450
汽化热 q_q/(J/kg)	5304256.9	46054800	6290667	—	10894053.6
热导率 λ/(J/(cm·s·K))	3.998	0.800	0.816	1.700	2.378
热扩散率 a/(cm²/s)	1.179	0.217	0.150	0.568	0.920
密度 ρ/(g/cm³)	8.9	2.2	7.9	19.3	2.54

注：1. 热导率为0℃时的值；

　　2. 热扩散率 $a=\lambda/\varphi$。

　　每次脉冲放电时,通道内及正、负电极放电点都瞬时获得大量热能。而正、负电极放电点所获得的热能,除一部分由于热传导散失到电极其他部分和工作液中外,其余部分将依次消耗在:①使局部金属材料温度升高直至达到熔点,而每克金属材料升高1℃(或1K)所需的热量即为该金属材料的比热容;②每熔化1g材料所需的热量即为该金属的熔化热;③使熔化的金属液体继续升温至沸点,每克材料升高1℃(或1K)所需的热量即为该熔融金属的比热容;④使熔融金属汽化,每汽化1g材料所需的热量称为该金属的汽化热;⑤使金属蒸气继续加热成过热蒸气,每克金属蒸气升高1℃(或1K)所需的热量为该金属蒸气的比热容。

　　由试验可知,如果金属熔化所需要的最低能量密度大致与金属的熔点和热导率的乘积成比例,则此乘积基本上代表了金属材料电火花加工的难易。按此由难到易依次为钨、紫铜、银、钼、铝、钽、铂、铁、镍、不锈钢和钛。

　　显然当脉冲放电能量相同时,金属的熔点、沸点、比热容、熔化热、汽化热越高,电蚀量将越少,越难加工;另外,热导率越大的金属,由于较多地把瞬时产生的热量传导散失到其他部位,因而降低了本身的蚀除量。而且当单个脉冲能量一定时,脉冲电流幅值 $\hat{i}_e$ 越小,或脉冲宽度 t_i 越长,散失的热量也越多,从而减少电蚀量;相反,若脉冲宽度 t_i 越短,或脉冲电流幅值 $\hat{i}_e$ 越大,由于热量过于集中而来不及传导扩散,虽使散失的热量减少,但抛出的金属中汽化部分比例增大,多耗用不少汽化热,电蚀量也会降低。因此,电极的蚀除量与电极材料的热导率以及其他热学常数、放电持续时间、单个脉冲能量有密切关系。

　　由此可见,当脉冲能量一定时,会有一个使工件电蚀量最大的最佳脉宽。由于各种金属材料的热学常数不同,故获得最大电蚀量的最佳脉宽也是不同的;另外,获得最大电蚀量的最佳脉宽还与脉冲电流幅值有相互匹配的关系,它将随脉冲电流幅值 $\hat{i}_e$ 的不同而变化。

　　图2-3示意地描绘了在相同放电电流情况下,铜和钢两种材料的电蚀量与脉

宽的关系。从图中可以看出,当采用不同的工具、工件材料时,选择脉冲宽度在t_i'附近时,再加以正确选择极性,充分利用极性效应,便既可获得较高的生产率,又可获得较低的工具损耗,有利于实现"高效低损耗"加工。

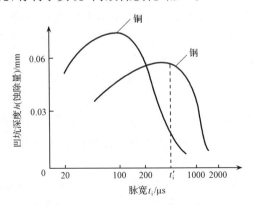

图 2-3　不同材料加工时电蚀量与脉宽的关系

4. 工作液对电蚀量的影响

在电火花加工过程中,工作液的作用是:形成火花击穿放电通道,并在放电结束后迅速恢复间隙的绝缘状态,对放电通道产生压缩作用;帮助电蚀产物抛出和排除;对工具、工件的冷却作用;对电蚀量也有较大的影响。介电性能好、密度和黏度大的工作液有利于压缩放电通道,提高放电的能量密度,强化电蚀产物的抛出效应;但黏度大不利于电蚀产物的排出,影响正常放电。目前电火花成形加工主要采用油类作为工作液,对于专门进行大型模具的粗加工的机床,由于加工时的脉冲能量大、加工间隙也较大、爆炸排屑抛出能力强,因而往往选用介电性能较强、黏度较大的机油,且机油的燃点较高,大能量加工时着火燃烧的可能性小;而在中小型零件中,精加工时放电间隙比较小,排屑比较困难,故一般均选用黏度小、流动性好、渗透性好的煤油作为工作液。现在市场上出售的国产或进口的电火花加工专用油,是专门为电火花加工制造的,各方面的性能均好于普通煤油,但成本要高一些。对于加工要求较高的场合,选用电火花加工专用油可以收到较好的效果。

由于油类工作液有味、容易燃烧,尤其在大能量粗加工时工作液高温分解产生的烟气较多,故寻找一种像水那样的流动性好、不产生炭黑、不燃烧、无色无味且价廉的工作液介质一直是研究人员努力的目标。水的绝缘性能和黏度较低,在相同加工条件下,和煤油相比,水的放电间隙较大,对放电通道的压缩作用差,蚀除量较小,且易锈蚀机床,但经过采用各种添加剂,可以改善其性能,且最新的研究成果表明,水基工作液在粗加工时的加工速度可大大高于煤油,甚至高于切削加工,但在大面积精加工中取代煤油还有一段距离。

5. 影响电蚀量的其他一些因素

影响电蚀量的还有其他一些因素。首先是加工过程的稳定性,加工过程不稳定将干扰以致破坏正常的火花放电,使有效脉冲利用率降低。随着加工深度、加工面积或加工型面复杂程度的增加,不利于电蚀产物排出的因素增多,会影响到加工稳定性;降低加工速度,严重时将造成结炭拉弧,使加工难以进行。为了改善排屑条件,提高加工速度和防止拉弧,常采用强迫冲油和工具电极定时抬刀等措施。

如果加工面积较小,而采用的加工电流较大,也会使局部电蚀产物浓度过高,放电点不能分散转移,放电后的余热来不及传播扩散而积累起来,造成过热,形成电弧,破坏加工的稳定性。

电极材料对加工稳定性也有影响,钢电极加工钢时不易稳定,纯铜、黄铜加工钢时则比较稳定。脉冲电源的波形及其前后沿陡度影响着输入能量的集中或分散程度,对电蚀量也有很大影响。

电火花加工过程中电极材料瞬时熔化或汽化而抛出,如果抛出速度很高,就会冲击另一电极表面而使其蚀除量增大;如果抛出速度较低,则当喷射到另一电极表面时,会反粘和涂覆在电极表面,减少其蚀除量。此外,炭黑膜的形成也将影响到电极的蚀除量。如果工作液是以水溶液为基础的,如去离子水、乳化液等,还会产生电化学阳极溶解现象,影响电极的蚀除量。

2.2.2 电火花加工的加工速度和工具的损耗速度

电火花加工时,工具和工件同时遭到不同程度的电蚀,单位时间内工件的电蚀量称为加工速度也就是生产率,单位时间内工具的电蚀量称为损耗速度,它们是一个问题的两个方面。

1. 加工速度

一般采用体积加工速度 v_w(mm³/min)来表示,即被加工掉的体积 V 除以加工时间 t

$$v_w = V/t \qquad (2-5)$$

有时为了测量方便,也采用质量加工速度 v_w 表示,单位为 g/min。

根据前面对电蚀量的讨论,提高加工速度的途径在于提高脉冲频率 f,增加单个脉冲能量 W_M,设法提高工艺系数 K。同时还应考虑这些因素间的相互制约关系和对其他工艺指标的影响。

提高脉冲频率,靠缩小脉冲停歇时间,但脉冲停歇时间过短会使加工区工作液来不及消电离、排除电蚀产物及气泡来恢复其介电性能,以致形成破坏性的稳定电弧放电,使电火花加工过程不能正常进行。

增加单个脉冲能量主要靠加大脉冲电流和增加脉冲宽度。单个脉冲能量的增加可以提高加工速度,但同时会使表面粗糙度变坏和降低加工精度,因此一般只用于粗加工和半精加工的场合。

提高工艺系数 K 的途径很多,如合理选用电极材料、电参数和工作液,改善工作液的循环过滤方式等,从而提高有效脉冲利用率 φ,达到提高工艺系数 K 的目的。

电火花成形加工的加工速度,粗加工(加工表面粗糙度 Ra10～20μm)时可达 200～1000mm^3/min,半精加工(Ra2.5～10μm)时降低到 20～100mm^3/min,精加工(Ra0.32～2.5μm)时一般都在 10mm^3/min 以下。随着表面粗糙度值的减小,加工速度显著下降。加工速度与加工电流 i_e 有关,对电火花成形加工,每安培加工电流的速度约为 10mm^3/min。

2. 工具相对损耗

在生产实际中用来衡量工具电极是否耐损耗,不只是看工具损耗速度 v_E,还要看同时能达到的加工速度 v_w,因此,采用相对损耗或称损耗比 θ 作为衡量工具电极耐损耗的指标。即

$$\theta = v_E/v_w \times 100\% \tag{2-6}$$

式(2-6)中的加工速度和损耗速度均以 mm^3/min 为单位计算,则 θ 为体积相对损耗;如以 g/min 为单位计算,则 θ 为质量相对损耗。

在电火花加工过程中,降低工具电极的损耗具有重大意义,因此,一直是人们努力追求的目标。为了降低工具电极的相对损耗,必须很好地利用电火花加工过程中的各种效应。这些效应主要包括极性效应、吸附效应、传热效应等,这些效应又是相互影响、综合作用的。具体应考虑以下几方面。

1) 正确地选择极性

一般来说,在短脉冲精加工时采用正极性加工(即工件接电源正极),而在长脉冲粗加工时则采用负极性加工。人们曾对不同脉冲宽度和加工极性的关系做过许多试验,得出了如图 2-4 所示的试验曲线。试验用的工具电极为 ϕ6mm 的纯铜,加工工件为钢,工作液为煤油,脉冲电源波形为矩形波,峰值电流为 10A。由图 2-4 可见,负极性加工时,纯钢电极的相对损耗随脉冲宽度的增加而减少,当脉冲宽度大于 120μs 后,电极相对损耗将小于 1%,可以实现低损耗加工(电极相对损耗小于 1% 的加工);如果采用正极性加工,不论脉冲宽度如何,电极的相对损耗都难低于 10%。然而在脉宽小于 15μs 的窄脉宽范围内,正极性加工的工具电极相对损耗比负极性加工的小。

2) 利用吸附效应

采用煤油之类的碳氢化合物作为工作液,在放电过程中将发生热分解而产生大量的游离碳,还能和金属结合形成金属碳化物的微粒,即胶团。中性的胶团在电

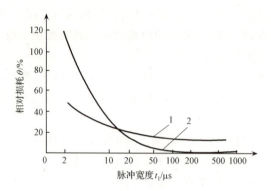

图 2-4　电极相对损耗与极性、脉宽的关系
1-正极性加工；2-负极性加工

场作用下可能与其可动层（胶团的外层）脱离，而成为带电荷的碳胶粒。电火花加工中的碳胶粒一般带负电荷，因此，在电场作用下会向正极移动，并吸附在正极表面。如果电极表面瞬时温度在 400℃ 左右，且能保持一定时间，即可形成一定强度和厚度的化学吸附碳层，通常称之为炭黑膜，由于碳的熔点和汽化点很高，可对电极起到保护和补偿作用，从而实现"低损耗"加工。

由于炭黑膜只能在正极表面形成，因此，要利用炭黑膜的补偿作用来实现电极的低损耗，必须采用负极性加工。为了保持合适的温度场和吸附炭黑的时间，增加脉冲宽度是有利的。试验表明，当峰值电流、脉冲间隔一定时，炭黑膜厚度随脉宽的增加而增加；而当脉冲宽度和峰值电流一定时，炭黑膜厚度随脉冲间隔的增大而减小。这是由于脉冲间隔加大，引起放电间隙中介质消电离作用增强，胶粒扩散，放电通道分散，电极表面温度降低，使"吸附效应"减少。反之，随着脉冲间隔的减少，电权损耗随之降低。但过小的脉冲间隔将使放电间隙来不及消电离和使电蚀产物扩散，因而造成放电不稳定甚至拉弧烧伤。

影响"吸附效应"的因素除上述电参数外，还有冲、抽油的影响。采用强迫冲、抽油，有利于间隙内电蚀产物的排除，使加工稳定；但强迫冲、抽油使吸附、镀覆效应减弱，因而增加了电极的损耗，而且还会由于压力不均匀形成不均匀的损耗，影响加工精度。因此，在加工过程中采用冲、抽油时要注意控制其冲、抽油压力不要过大。

3）利用传热效应

对电极表面温度场分布的研究表明，电极表面放电点的瞬时温度不仅与瞬时放电的总热量有关（与放电能量成正比），而且与放电通道的截面面积有关，还与电极材料的导热性能有关。因此，在放电初期限制脉冲电流的增长率（di/dt）对降低电极损耗是有利的，这样可以使放电初期电流密度不致太高，也就使电极表面温度不致过高而遭受较大的损耗。脉冲电流增长率太高时，对在热冲击波作用下易脆裂的工具电极（如石墨）的损耗影响尤为显著。另外，由于一般采用的工具电极的导热性能比工件好，如果采用较大的脉冲宽度和较小的脉冲峰值电流进行加工，导热作用使电极表面温度较低而减少损耗，工件表面温度仍比较高而得到较多的蚀除物。

4）选用合适的电极材料

钨、钼的熔点和沸点较高，损耗小，但其机械加工性能不好，价格又高，所以除线切割外很少采用。铜的熔点虽然较低，但其导热性好，因此损耗也较小，又能制成各种精密、复杂形状，常用作中小型腔加工用的工具电极。石墨电极不仅热学性能好，而且在长脉冲粗加工时能吸附游离的碳来补偿电极的损耗，所以相对损耗很低，目前已广泛用作型腔加工的电极。铜碳、钢钨、铜钨合金等复合材料，不仅导热性好，而且熔点高，因而电极损耗小，但由于其价格较高，制造成形比较困难，因而一般只在精密、微小零件的电火花加工时采用。

上述诸因素对电极损耗的影响是综合作用的。根据实际生产经验，在煤油中采用负极性粗加工时，脉冲电流宽度与放电脉冲幅值的比值（$t_e/\hat{i}_e$）满足如下条件时，可以获得低损耗加工。

石墨加工钢：$t_e/\hat{i}_e \in (10\sim5)\mu s/A$；

铜加工钢：$t_e/\hat{i}_e \in (16\sim8)\mu s/A$；

钢加工钢：$t_e/\hat{i}_e \in (25\sim12)\mu s/A$。

以上低损耗条件的经验公式中没有包含脉冲间隔 t_0 对电极损耗的影响（只要 t_0 合适，无电弧放电），但在生产中仍有很大的参考价值。在实际应用中，由于有的脉冲电源没有等电流脉宽功能，因此常以电压脉冲 t_i 代替 t_e 以便于参数的设定。

2.2.3　影响加工精度的主要因素

与通常的机械加工一样，机床本身的各种误差以及工件和工具电极的定位、安装误差，都会影响到加工精度，这里主要讨论与电火花加工工艺有关的因素。

影响加工精度的主要因素有放电间隙的大小及其一致性、工具电极的损耗及其稳定性。电火花加工时，工具电极与工件之间存在着一定的放电间隙，如果加工过程中放电间隙能保持不变，则可以通过修正工具电极的尺寸对放电间隙进行补偿，以获得较高的加工精度。然而，放电间隙的大小实际上是变化的，影响着加工精度。放电间隙可用下列经验公式来表示：

$$S = K_u\hat{u}_i + K_r W_M^{0.4} + S_m \qquad (2-7)$$

式中：S——放电间隙（指单面放电间隙，μm）；

$\hat{u}_i$——开路电压（V）；

K_u——常数，与工作液介电强度有关，纯煤油时为 5×10^{-2}，含有电蚀产物

后 K_u 增大;

K_r——常数,与加工材料有关,一般易熔金属的值较大,对铁,$K_r = 2.5 \times 10^2$,对硬质合金,$K_r = 1.4 \times 10^2$,对铜,$K_r = 2.3 \times 10^2$;

W_M——单个脉冲能量(J);

S_m——考虑热膨胀、收缩、振动等影响的机械间隙,约为 $3\mu m$。

除了间隙能否保持一致性外,间隙大小对加工精度也有影响,尤其是对复杂形状的加工表面,棱角部位电场强度分布不均匀,间隙越大,影响越严重。因此,为了减小加工误差,应该采用较小的加工规准,缩小放电间隙,这样不但能提高仿形精度,而且放电间隙越小,可能产生的间隙变化量也越小;另外,还必须尽可能使加工过程稳定。电参数对放电间隙的影响是非常显著的,精加工的放电间隙一般只有 0.01mm(单面),而在粗加工时则可达 0.5mm 以上。

工具电极的损耗对尺寸精度和形状精度都有影响。电火花穿孔加工时,电极可以贯穿型孔而补偿电极的损耗。型腔加工时则无法采用这一方法,精密型腔加工时可采用更换电极的方法。

影响电火花加工形状精度的因素还有"二次放电"现象。二次放电是指已加工表面上由于电蚀产物等的介入而再次进行的非正常放电,集中反映在加工深度方向产生斜度和加工棱角棱边变钝方面。

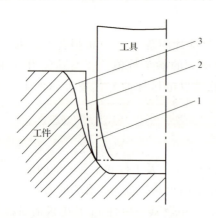

图 2-5 电火花加工时的加工斜度
1-电极无损耗时工具轮廓线;2-电极有损耗而不考虑二次放电时的工件轮廓线;3-由于二次放电引起侧面斜度

产生加工斜度的情况如图 2-5 所示,由于工具电极下端部加工时间长,绝对损耗大,而电极入口处的放电间隙则由于电蚀产物的存在,"二次放电"的概率大而扩大,因而产生了加工斜度。

电火花加工时,工具的尖角或凹角很难精确地复制在工件上,这是因为当工具为凹角时,工件上对应的尖角处放电蚀除的概率大,容易遭受腐蚀而成为圆角,如图 2-6(a)所示。当工具为尖角时,一则由于放电间隙的等距性,工件上只能加工出以尖角顶点为圆心,放电间隙 S 为半径的圆弧;二则工具上的尖角本身因尖端放电蚀除的概率大而损耗成圆角,如图 2-6(b)所示。采用高频窄脉宽精加工,放电间隙小,圆角半径可以明显减小,因而提高了仿形精度,可以获得圆角半径小于 0.01mm 的尖棱,这对于加工精密小模数齿轮等冲模是很重要的。目前,电火花加工的精度可达 0.01~0.05mm。

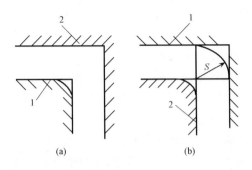

图 2-6　电火花加工时尖角变圆

1-工件;2-工具

2.2.4　电火花加工的表面质量

电火花加工的表面质量主要包括表面粗糙度、表面变质层和表面力学性能三部分。

1. 表面粗糙度

电火花加工表面和机械加工的表面不同,它是由无方向性的无数小坑和硬凸边所组成,特别有利于保存润滑油;而机械加工表面则存在着切削或磨削刀痕,具有方向性。两者相比,在相同的表面粗糙度和有润滑油的情况下,电火花加工表面的润滑性能和耐磨损性能均比机械加工表面好。

与切削加工一样,电火花加工表面粗糙度通常用微观平面度的平均算术偏差 R_s 表示,也有用平面度的最大高度值 R_{max} 表示的。对表面粗糙度影响最大的是单个脉冲能量,因为脉冲能大,每次脉冲放电的蚀除量也大,放电凹坑既大又深,从而使表面粗糙度恶化。表面粗糙度脉冲能量之间的关系,可用如下试验公式来表示:

$$R_{max} = K_r t_e^{0.3} \hat{i}_e^{0.4} \tag{2-8}$$

式中:R_{max}——实测的表面粗糙度(μs);

K_r——常数,铜加工钢时常取 2.3;

t_e——脉冲放电时间(μs);

$\hat{i}_e$——峰值电流(A)。

电火花加工的表面粗糙度和加工速度之间存在着很大的矛盾,如从 Ra2.5μm 提高到 Ra1.25μm,加工速度要下降十多倍。按目前的工艺水平,较大面积的电火花成形加工要达到优于 Ra0.32μm 是比较困难的,但是采用动或摇动加工工艺,可以大为改善。目前,电火花穿孔加工侧面的最佳表面粗糙度为 Ra1.25~0.32μm,电火花成形加工加平动或摇动后最佳表面粗糙度为 Ra0.63~0.04μm,而类似电火花磨削的加工方法,其表面粗糙度可达 Ra0.04~0.02μm,这时加工速度很低。

因此,一般电火花加工到 Ra2.5~0.63μm 之后采用其他研磨方法改善其表面粗糙度比较经济。

工件材料对加工表面粗糙度也有影响,熔点高的材料(如硬质合金),在相同能量下加工的表面粗糙度要比熔点低的材料(如钢)好。当然,加工速度会相应下降。

精加工时,工具电极的表面粗糙度也将影响到加工粗糙度。由于石墨电极很难加工到非常光滑的表面,因此用石墨电极的加工表面粗糙度较差。

由式(2-8)可见,影响表面粗糙度的因素主要是脉宽 t_e 与峰值电流 $\hat{i}_e$ 的乘积,也就是单个脉冲能量的大小。但实践中发现,即使单脉冲域很小,但在电极面积较大时,R_{max} 很难低于 μm(约为 Ra0.32μm),而且加工面积越大,可达到的最佳表面粗糙度越差。这是因为在煤油工作液中的工具和工件相当于电容器的两个极,具有"潜布电容"(寄生电容),相当于在放电间隙上并联了一个电容器,当小能量的单个脉冲到达工具和工件时,电能被此电容"吸收",只能起"充电"作用而不会引起火花放电。只有当经多个脉冲充电到较高的电压、积累了较多的电能后,才能引起击穿放电,打出较大的放电凹坑。

近年来国内外出现了"混粉加工"新工艺,可以较大面积地加工出 Ra0.05~0.1μm 的光亮面。其办法是在煤油工作液中混入硅或铝等导电微粉,使工作液的电阻率降低,放电间隙成倍扩大,潜布、寄生电容成倍减小;同时每次从工具到工件表面的放电通道,被微粉颗粒分割形成多个小的火花放电通道,到达工件表面的脉冲能量"分散"成很小,相应的放电痕也就较小,可以稳定获得大面积的光整表面。

2. 表面变质层

电火花加工过程中,在火花放电的瞬时高温和工作液的快速冷却作用下,材料的表面层发生了很大的变化,粗略地可把它分为熔化凝固层和热影响层,如图 2-7 所示。

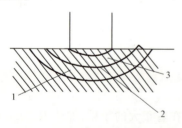

图 2-7　表面变质层放大示意图
1-热影响区;2-熔化区;3-熔化层

(1) 熔化凝固层。位于工件表面最上层,它被放电时瞬时高温熔化而又滞留下来,因工作液快速冷却而凝固。对于碳钢来说,熔化层在金相照片上呈现白色,故又称之为白层,它与基体金属完全不同,是一种树枝状的淬火铸造组织,与内层的结合也不甚牢固。它由马氏体、大量晶粒极细的残余奥氏体和某些碳化物组成。

熔化层的厚度随脉冲能量的增大而增加,为 $1\sim2$ 倍的 R_{max},但一般不超过 0.1mm。

(2) 热影响层。它介于熔化层和基体之间。热影响层的金属材料并没有熔化,只是受到高温的影响,使材料的金相组织发生了变化,它和基体材料之间并没有明显的界限。由于温度场分布和冷却速度的不同,对淬火钢,热影响层包括再淬火区、高温回火区和低温回火区;对未淬火钢,热影响层主要为淬火区。因此,淬火钢的热影响层厚度比未淬火钢的大。

热影响层中靠近熔化凝固层部分,由于受到高温作用并迅速冷却,形成淬火区,其厚度与条件有关,一般为2~3倍的最大微观平面度。对淬火钢,与淬火层相邻的部分受到温度的影响而形成高温、低温回火区,回火区的厚度为最大微观平面度的3~4倍。

不同金属材料的热影响层金相组织结构是不同的,耐热合金的热影响层与整体差异不大。

(3)显微裂纹。电火花加工表面由于受到瞬时高温作用并迅速冷却而产生拉应力,往往出现显微裂纹。试验表明,一般裂纹仅在熔化层内出现,只有在脉冲能量很大情况下(粗加工时)才有可能扩展到热影响层。

脉冲能量对显微裂纹的影响是非常明显的,能量越大,显微裂纹越宽、越深。脉冲能量很小时(如加工表面粗糙度优于 Ra1.25μm 时),一般不出现显微裂纹。不同工件材料对裂纹的敏感性也不同,硬脆材料容易产生裂纹。工件预先的热处理状态对裂纹产生的影响也很明显,加工淬火材料要比加工淬火后回火或迟火的材料容易产生裂纹,因为淬火材料脆硬,原始内应力也较大。

3. 表面力学性能

(1)显微硬度及耐磨性。电火花加工后表面层的硬度一般均比较高,但对某些淬火钢,也可能稍低于基体硬度。对未淬火钢,特别是原来含碳量低的钢,热影响层的硬度都比基体材料高;对淬火钢,热影响层中的再淬火区硬度稍高或接近于基体硬度,而回火区的硬度比基体低,高温回火区又比低温回火区的硬度低。因此,一般来说,电火花加工表面最外层的硬度比较高,耐磨性好。但对于滚动摩擦,由于是交变载荷,尤其是干摩擦,则因熔化凝固层和基体的结合不牢固,容易剥落而磨损。因此,有些要求高的模具需把电火花加工后的表面变质层事先研磨掉。

(2)残余应力。电火花加工表面存在着由于瞬时先热后冷作用而形成的残余应力,而且大部分表现为拉应力。残余应力的大小和分布,主要与材料在加工前的热处理状态及加工时的脉冲能量有关。因此,对表面层要求质量较高的工件,应尽量避免使用较大的加工规准。

(3)耐疲劳性能。电火花加工表面存在着较大的拉应力,还可能存在显微裂纹,因此其耐疲劳性能比机械加工表面低许多。采用回火处理、喷丸处理等,有助于降低残余应力,或使残余拉应力转变为压应力,从而提高其耐疲劳性能。

试验表明,当表面粗糙度为 Ra0.32~0.08μm 时,电火花加工表面的耐疲劳性能将与机械加工表面相近,这是由于电火花精微加工表面所使用的加工规准很小,熔化凝固层和热影响层均非常薄,不会出现显微裂纹,而且表面的残余拉应力也较小的原因。

2.3 电火花加工用脉冲电源

电火花加工用脉冲电源的作用是把工频交流电流转换成一定频率的单向脉冲电流,以供给电极放电间隙所需要的能量来蚀除金属。脉冲电源对电火花加工的生产率、表面质量、加工精度、加工过程的稳定性和工具电极损耗等技术经济指标有很大的影响,应给予足够的重视。

2.3.1 对脉冲电源的要求及其分类

对电火花加工用脉冲电源总的要求:

(1) 有较高的加工速度。不但在粗加工时要有较高的加工速度($v_w > 10 mm^3 /$ (min·A)),在精加工时也应有较高的加工速度;精加工时表面粗糙度 Ra 应小于 1.25μm。

(2) 工具电极损耗低。粗加工时应实现电极低损耗(相对损耗 $\theta < 1\%$),中、精加工时也要使电极损耗尽可能低。

(3) 加工过程稳定性好。在给定的各种脉冲参数下能保持稳定加工,抗干扰能力强、不易产生电弧放电、可靠性高、操作方便。

(4) 工艺范围广。不仅能适应粗、中、精加工的要求,而且要适应不同工件材料的加工,以及采用不同工具电极材料进行加工的要求。

脉冲电源要都满足上述各项要求是困难的,一般来说,为了满足这些总的要求,对电火花加工脉冲电源的具体要求是:

(1) 所产生的脉冲应该是单向的,没有负半波或负半波很小,这样才能最大限度地利用极性效应,提高生产率和减小工具电极的损耗。

(2) 脉冲电压波形的前后沿应该较陡,这样才能减少电极间隙的变化及油污程度等对脉冲放电宽度和能量等参数的影响,使工艺过程较稳定。因此一般常采用矩形波脉冲电源。

(3) 脉冲的主要参数,如峰值电流 $\hat{i}_e$、脉冲宽度 t_i、脉冲间隔 t_0 等应能在很宽的范围内可以调节,以满足粗、中、精加工的要求。

近年来随着微电子技术的发展出现了可调节各种脉冲波形的电源,以适应不同加工工件材料和不同工具电极材料。

(4) 脉冲电源不仅要考虑工作稳定可靠、成本低、寿命长、操作维修方便和体积小等问题,还要考虑节省电能。

关于电火花加工用脉冲电源的分类,目前尚无统一的规定。按其作用原理和所用的主要元件、脉冲波形等可分为多种类型,见表 2-3。

表 2-3　电火花加工用脉冲电源分类

按主回路中主要元件种类	弛张式、电子管式、闸流管式、脉冲发电动机式、晶闸管式、晶体管式、集成元件
按输出脉冲波形	矩形波、梳状波分组脉冲、三角形波、阶梯波、正弦波、高低压复合脉冲
按间隙状态对脉冲参数的影响	非独立式、独立式
按工作回路数目	单回路、多回路

2.3.2　RC 线路脉冲电源

这类脉冲电源的工作原理是利用电容器充电储存电能,而后瞬时放出,形成火花放电来蚀除金属。因为电容器时而充电,时而放电,一弛一张,故又称"弛张式"脉冲电源。

RC 线路是弛张式脉冲电源中最简单、最基本的一种,图 2-8 是它的工作原理图。它由两个回路组成:一个是充电回路,由直流电源 E、充电电阻 R(可调节充电速度,同时限流以防电流过大及转变为电弧放电,故又称为限流电阻) 和电容器 C(储能元件) 所组成;另一个回路是放电回路,由电容器 C、工具电极和工件及其间的放电间隙组成。

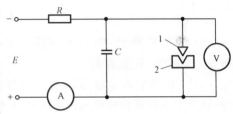

图 2-8　RC 线路脉冲电源
1-工具电极;2-工件

当直流电源接通后,电流经限流电阻 R 向电容 C 充电,电容 C 两端的电压按指数曲线逐步上升,因为电容两端的电压就是工具电极和工件间隙两端的电压,因此当电容 C 两端的电压上升到等于工具电极和工件间隙的击穿电压 u_d 时,间隙就被击穿,电阻变得很小,电容器上储存的能量瞬时放出,形成较大的脉冲电流 $\hat{i}_e$,如图 2-9 所示。电容上的能量释放后,电压下降到接近于零,间隙中的工作液又迅速恢复绝缘状态。此后电容器再次充电,又重复前述过程。如果间隙过大,则电容器上的电压 u_C 按指数曲线上升到直流电源电压 U。

RC 线路脉冲电源的最大优点为:

(1) 结构简单,工作可靠,成本低;

(2) 在小功率时可以获得很窄的脉宽(小于 0.1μs)和很小的单个脉冲能量,可用作光整加工和精微加工。

RC 线路脉冲电源的缺点是:

(1) 电能利用效率很低,最大不超过 36%,因大部分电能经过电阻 R 时转化为热能损失掉了,这在大功率加工时是很不经济的。

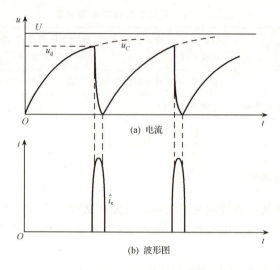

(a) 电流

(b) 波形图

图 2-9　*RC* 线路脉冲电压

（2）生产效率低,因为电容器的充电时间 t_c 比放电时间 t_e 长 50 倍以上（图 2-9）,脉冲间歇系数太大。

（3）工艺参数不稳定,因为这类电源本身并不"独立"形成和发生脉冲,而是靠电极间隙中工作液的击穿和消电离位脉冲电流导通和切断,所以间隙大小、间隙中电蚀产物的污染程度及排出情况等,都影响脉冲参数,因此脉冲频率、宽度、单个脉冲能量都不稳定,而且放电间隙经过限流电阻始终和直流电源直接连通,没有开关元件使之隔离开来,所以随时都有放电的可能,并容易转为电弧放电。

RC 线路脉冲电源主要用于小功率的稍微加工或简式电火花加工机床中。

针对这些缺点,人们在实践中研制出了放电间隙和直流电源各自独立、互相隔离、能独立形成和产生脉冲的电源。它们可以大大减少电极间隙物理状态参数变化的影响。这类电源为区别于前述弛张式脉冲电源,称之为独立式脉冲电源,如闸流管式、电子管式、晶闸管式、晶体管式等脉冲电源。

2.3.3　闸流管式和电子管式脉冲电源

闸流管(旧称可控硅)式和电子管式脉冲电源属于独立式脉冲电源,它们以末级功率级起开关作用的电子元件命名。闸流管和电子管均为高阻抗开关元件,因此主回路中常为高压小电流,必须采用脉冲变压器变换为大电流的低压脉冲,才能用于电火花加工。

闸流管式和电子管式脉冲电源由于受到末级功率管以及脉冲变压器的限制,脉冲宽度比较窄,脉冲电流也不能大,且能耗也大,故主要用于冲模类穿孔加工等精加工场合,不适于型腔加工,因此,已为晶体管式、晶间管式脉冲电源所替代。

2.3.4 晶闸管式、晶体管式脉冲电源

晶闸管式脉冲电源是利用晶闸管作为开关元件而获得单向脉冲的。由于晶闸管的功率较大,脉冲电源所采用的功率管数目可大大减少,因此,200A 以上的大功率粗加工脉冲电源,一般采用晶闸管式。

晶体管式脉冲电源是利用功率晶体管作为开关元件而获得单向脉冲的。晶体管式脉冲电源的输出功率及其最高生产率不易做到晶闸管式脉冲电源那样大,但它具有脉冲频率高、脉冲参数容易调节、脉冲波形较好、易于实现多回路加工和自适应控制等自动化要求的优点,所以应用非常广泛,特别在中小型脉冲电源中,都采用晶体管式电源。故本节主要介绍晶体管式脉冲电源。

目前晶体管的功率都还较小(和晶闸管相比),每管导通时的电流常选在 5A 左右,因此在晶体管式脉冲电源中,都采用多管分组并联输出的方法来提高输出功率。

图 2-10 为自振式晶体管脉冲电源原理图,主振级 Z 为一不对称多谐振荡器,它发出一定脉冲宽度和停歇时间的矩形脉冲信号,以后经放大级 F 放大,最后推动末级功率晶体管导通或截止。末级晶体管起着"开、关"的作用。它导通时,直流电源电压 U 即加在加工间隙上,击穿工作液进行火花放电。当晶体管截止时,脉冲即行结束,工作液恢复绝缘,准备下一脉冲的到来。为了加大功率,及可调节粗、中、精加工规准,整个功率级由几十个大功率高频晶体管分为若干路并联,精加工只用其中一或二路。为了在放电间隙短路时不致损坏晶体管,每个晶体管均串联有限流电阻 R,并可以在各管之间起均流作用。

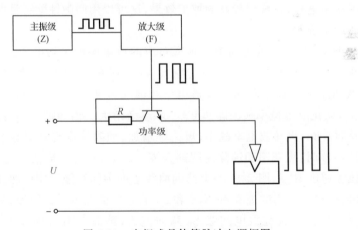

图 2-10　自振式晶体管脉冲电源框图

近年来随着电火花加工技术的发展,为进一步提高有效脉冲利用率,达到高速、低耗、稳定加工以及一些特殊需要,在晶闸管式或晶体管式脉冲电源的基础上,派生出不少新型电源和线路,如高、低压复合脉冲电源,多回路脉冲电源以及多功能电源等。

2.4 电火花加工的自动进给调节系统

2.4.1 自动进给调节系统的作用、技术要求和分类

电火花加工与切削加工不同,它属于"非接触加工"。正常电火花加工时,工具和工件间有一放电间隙 S,如图 2-11 所示。S 过大,脉冲电压无法击穿间隙中的绝缘工作液,则不会产生火花放电,必须使电极工具向下进给,直到间隙 S 等于或小于某一值(一般 S 为 0.1~0.01mm,与加工规准有关)时才能击穿而产生火花放电。在正常的电火花加工时,工件以 v_w 的速度不断被蚀除,间隙 S 将逐渐扩大,必须使电极工具以速度 v_d 补偿进给,动态地使 $v_d = v_w$,以维持所需的放电间隙 S。如进给速度 v_d 大于工件的蚀除速度 v_w,则间隙 S 将逐渐变小,当间隙过小时,必须减小进给速度 v_d。如果工具、工件间一旦短路($S=0$),则必须使工具以较大的速度 v_d 反向快速回退,消除短路状态。随后再重新向下进给,调节到所需的放电间隙。这是维持正常电火花加工所必须解决的问题。

由于火花放电间隙 S 很小,且与加工规准、加工面积、工件蚀除速度等有关,因此很难靠人工来调节。由于 v_w 不是固定的常数,所以 v_d 也不能像钻削那样采用"机动"、"等速"进给,而必须采用自动进给调节系统。这种不等速的放电间隙自动进给调节系统也称为放电间隙伺服进给系统。

自动进给调节系统的任务在于维持一定的"平均"放电间隙 S,保证电火花加工正常而稳定地进行,以获得较好的加工效果,这可以用间隙蚀除特性曲线和进给调节特性曲线来说明。

图 2-11 中,横坐标为放电间隙 S 值或对应的放电间隙平均电压 u_e,它与纵坐标的蚀除速度 v_w 有密切的关系。当间隙太大时,如在 A 点及 A 点之右,即 $S \geqslant 60\mu m$ 时,极间介质不易击穿,使火花放电率和蚀除速度 $v_w = 0$;只有在 A 点之左,$S < 60\mu m$ 后,火花放电概率和蚀除速度 v_w 才逐渐增大。当间隙太小时,又因电蚀产物难以及时排除,火花放电率减小、短路率增加,蚀除速度也将明显下降。当间隙短路,即 $S=0$ 时,火花率和蚀除速度都为零。因此,必有一最佳放电间隙 S_B 对应于最大蚀除速度 B 点,图 2-11 中上凸的曲线 I 即为间隙蚀除特性曲线。

如果粗、精加工采用的规准不同,S 和 v_w 的对应值也不同。例如,精加工规准时,放电间隙 S 变小,最佳放电间隙 S_B 移向左边,最高点 B 移向左下方,曲线变低,成为另外一条间隙蚀除特性曲线,但趋势是大体相同的。

自动进给调节系统的进给调节特性曲线如图 2-12 中倾斜曲线 II 所示,右边的纵坐标为电极进给(左下为回退)速度,横坐标仍为放电间隙 S 或对应的间隙平均电压 u_e。当间隙过大,如大于或等于 $60\mu m$,为 A 点的开路电压时,电极工具将以较大的空载速度 v_{da} 向工件进给。随着放电间隙减小和火花率的提高,向下进给速

度 v_d 也逐渐减小,直至为零。当间隙短路时,工具将反向以 v_{do} 高速回退。理论上,希望调节特性曲线Ⅱ相交于进给特性曲线Ⅰ的最高点 B 处,如图中所示。这要靠操作人员丰富的经验和精心调节才能实现,而且加工规准、加工面积等发生变化时,调节特性曲线Ⅱ和间隙蚀除特性曲线Ⅰ也相应变化,又需重新调节曲线Ⅱ使交于新的曲线Ⅰ的最高点 B 处。只有自动寻优系统、自适应控制系统才能自动使曲线Ⅱ交曲线Ⅰ于最高处 B 点,处于最佳放电状态。

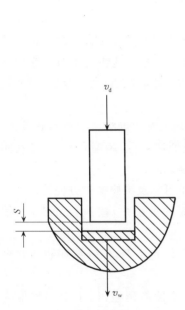

图 2-11　放电间隙、蚀除速度和
进给速度

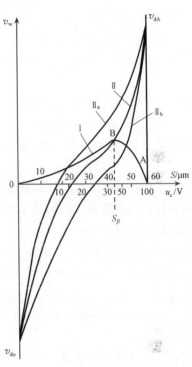

图 2-12　间隙蚀除特性与调节特性曲线
Ⅰ-蚀除特性曲线;Ⅱ-调节特性曲线

　　实际上,通常电火花加工时,曲线Ⅱ很难相交于曲线Ⅰ最高点 S 处,常交于 B 点之左或右,如图 2-12 中Ⅱ$_a$ 或Ⅱ$_b$ 所示。但无论如何,整个调节系统将力图自动趋向处于两条曲线的交点处,因为只有在此交点上,进给速度等于蚀除速度,才是稳定的工作点和稳定的放电间隙(交点之右,进给速度大于蚀除速度,放电间隙将逐渐变小;反之,交点之左,间隙将逐渐变大)。在设计自动进给调节系统时,应根据粗、中、精不同加工规准、不同工件材料等不同的间隙蚀除特性曲线的范围,能较易调节使这两条特性曲线的工作点交在最佳放电间隙 S_B 附近,以获得最高加工速度。此外,空载时(间隙在 A 点或更右),应以较快速度 v_{da} 接近最高加工速度区(B 点附近),一般 $v_{da}=(5\sim15)v_{db}$;间隙短路时也应以较快速度 v_{do} 回退。一般认为 v_{do} 为 $200\sim300$mm/min 时,即可快速有效地消除短路。

理解上述间隙蚀除特性曲线和调节特性曲线的概念和工作状态,对合理选择加工规准、正确操作使用电火花机床和设计自动进给调节系统都是很重要的。

以上对调节特性的分析,没有考虑进给系统在运动时的惯性滞后和外界的各种干扰,因此只是静态的。实际进给系统的质量、电路中的电容、电感都有惯性、滞后现象,如果设计不好,往往产生"欠进给"和"过进给",甚至振荡。

对自动进给调节系统的一般要求如下:

(1) 有较广的速度调节跟踪范围。在电火花加工过程中,加工规准、加工面积等条件的变化,都会影响其进给速度,调节系统应有较宽的调节范围,以适应加工的需要。

(2) 有足够的灵敏度和快速性。放电加工的频率很高,放电间隙的状态瞬息万变,要求进给调节系统根据间隙状态的微弱信号能相应地快速调节。为此整个系统的不灵敏区、时间常数、可动部分的惯性要求要小,放大倍数应足够,过渡过程应短。

(3) 有必要的稳定性。电蚀速度一般不高,加工时的进给速度也不必过大,所以应有很好的低速性能,均匀、稳定地进给,避免低速爬行,超调源要小,传动刚度应高,传动链中不得有明显间隙,抗干扰能力要强。

此外,自动进给装置还要求体积小,结构简单可靠及维修操作方便等。

目前电火花加工用的自动进给调节系统的种类很多,按执行元件,大致可分为:

(1) 电液压式(喷嘴-挡板式、伺服阀式)。已停止生产,但一些旧机床在企业中仍有应用。

(2) 步进电动机。价廉,易于实现数控,调速性能稍差,用于中小型电火花机床。

(3) 宽调速力矩电动机。价高,调速性能好,用于高性能电火花机床。

(4) 直流伺服电动机。用于大多数数控电火花成形加工机床。

(5) 交流伺服电动机。无电刷,力矩大,寿命长,用于数控电火花成形加工机床。

虽然电火花自动进给调节系统的类型、构造不同,但都是由几个基本环节组成的。

2.4.2 自动进给调节系统的基本组成部分

电火花加工用的间隙伺服进给调节系统和其他任何一个完善的调节装置一样,也是由调节对象、测量环节、比较环节、放大驱动环节、执行环节等几个主要环节组成,图 2-13 是其基本组成框图。

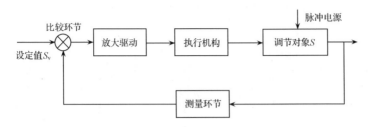

图 2-13　自动进给调节系统的基本组成框图

1. 调节对象

电火花加工时的调节对象就是工具电极和工件之间的火花放电间隙。根据设定位伺服参考电压 S_v 等的要求,始终保持某一平均的火花放电间隙 S。

2. 测量环节

直接测量电极间隙及其变化是很困难的,都是采用测量与放电间隙成比例关系的电参数来间接反映放电间隙的大小。因为当间隙较大、开路时,间隙电压接近最大间隙平均电压;当间隙为零、短路时,间隙电压为零,虽不呈严格的线性关系,但在一定范围内可近似呈线性关系。

常用的信号检测方法有两种:

一种是间隙平均电压测量法,如图 2-14(a)所示。图中间隙电压经电阻 R_1 由电容器 C 充电滤波后,成为平均值,又经电位器 R_2 分压取其一部分,输出的信号 U 即为表征放电平均间隙大小的间隙平均电压的信号。图中充电时间常数 R_1C 应略大于放电时间常数 R_2C。图 2-14(b)是带整流桥的检测电路,其优点是工具、工件的极性变换不会影响输出信号 U 的极性。

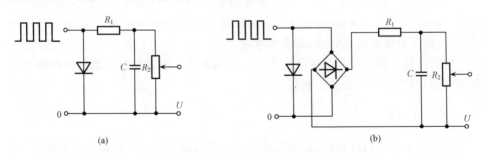

图 2-14　平均间隙检测电路

另一种是利用稳压管来测量脉冲电压的峰值信号,如图 2-15 中的稳压管 V_2 选用 30～40V 的稳压值,它能阻止和滤除比其稳压值低的火花维持电压,只有当间隙上出现大于 30～40V 的空载、峰值电压时,才能通过 V_2 及二极管 V_1 向电容 C 充电,滤波后经电阻 R 及电位器分压输出,突出了空载峰值电压的控制作用,常用于需加工稳定、尽量减少短路率的场合。

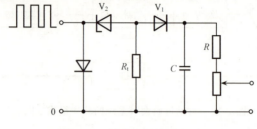

图 2-15　峰值电压检测电路

对于弛张式脉冲电源，一般可采用间隙平均电压检测法；对于独立式脉冲电源，则两种方法均可采用。

更为先进的方法是检测间隙的放电状态。通常放电状态有空载、火花、短路三种，更完善一些还应能检测并区分电弧和不稳定电弧（电弧前兆）等。

3. 比较环节

比较环节用以根据"给定值"伺服参考电压 S_v（S_v 与放电间隙的大小成一定比例关系）来调节进给速度，以适应粗、中、精不同的加工规准。实质上是把从测量环节得来的信号和"给定值"的信号进行比较，再按此差值来控制加工过程。如间隙平均电压 $u_e > S_v$，则电极向下进给；如 $u_e < S_v$，则电极向上回退。也就是设定值 S_v 大，则间隙也大。大多数比较环节包含或合并在测量环节之中。

4. 放大驱动器

由测量环节获得的信号，一般都很小，难于驱动执行元件，必须要有一个放大环节，通常称它为放大器。为了获得足够的驱动功率，放大器要有一定的放大倍数，然而，放大倍数过高也不好，它将会使系统产生过大的超调，并可能出现自激振荡现象，使工具电极时进时退，调节不稳定。

常用的放大器主要是晶体管放大器。它通常用于改善控制性能的各种校正环节，有时调节器也包含在这一模块中。

5. 执行环节

执行环节也称执行机构，通常是将电能或液压能量转化为机械运动的装置，如各种电动机或液压油缸等。它根据控制信号的大小及时地调节工具电极的进给，以保持合适的放电间隙，从而保证电火花加工的正常进行。由于它对自动调节系统有很大影响，通常要求它的机电时间常数尽可能小，以便能够快速反应间隙状态变化；机械传动间隙和摩擦力应当尽量小，以减少系统的不灵敏区；具有较宽的调速范围，以适应各种加工规准和工艺条件的变化。

2.5 电火花加工机床

电火花加工在特种加工中是比较成熟的工艺,在民用、国防生产部门和科学研究中已经获得广泛应用,它相应的机床设备比较定型,并有多家专业工厂从事生产制造。电火花加工工艺及机床设备的类型较多,但按工艺过程中工具与工件相对运动的特点和用途等来分,大致可以分为六大类,其中应用最广、数量较多的是电火花穿孔成形加工机床和电火花线切割机。

电火花穿孔成形加工机床主要由主机(包括自动调节系统的执行机构)、脉冲电源、自动进给调节系统、工作液净化及循环系统等几部分组成。

1. 机床总体部分

主机主要包括主轴头、床身、立柱、工作台及工作液槽等几部分,机床的整体布局,按机床型号的大小,可采用如图 2-16 所示结构,图 2-16(a)为分离式,图 2-16(b)为整体式,油箱与电源箱放入机床内部成为整体。一般以分离式的较多。

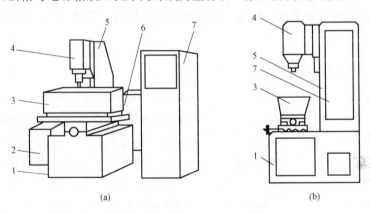

图 2-16 电火花穿孔成形加工机床
1-床身;2-液压油箱;3-工作液槽;4-主轴头;5-立柱;6-工作液箱;7-电箱源

床身和立柱是机床的主要结构件,要有足够的刚度。床身工作台面与立柱导轨面间应有一定的垂直度要求,还应有较好的精度保持性,这就要求导轨具有良好的耐磨性和充分消除材料内应力等。

做纵、横向移动的工作台一般都带有坐标装置。常用的是靠刻度手轮来调整位置。随着要求加工精度的提高,可采用光学坐标读数装置、磁尺数显等装置。

近年来,由于工艺水平的提高及计算机、数控技术的发展,已生产有三坐标伺服控制的以及主轴和工作台回转运动并加三向伺服控制的五坐标数控电火花机床,有的机床还带有工具电极库,可以自动更换工具电极,机床的坐标位移脉冲当量为 $1\mu m$。

2. 主轴头

主轴头是电火花成形机床中最关键的部件,是自动调节系统中的执行机构,对加工工艺指标的影响极大。对主轴头的要求是:结构简单、传动链短、传动间隙小、热变形小、具有足够的精度和刚度,以适应自动调节系统的惯性小、灵敏度好、能承受一定负载的要求。主轴头主要由进给系统、导向防扭机构、电极装夹及其调节环节组成。

电-机械式液压主轴头的结构是:液压缸固定、活塞连同主轴上下移动。由于液压系统易漏油污染,液压油泵有噪声,油箱占地面积大,液压进给难以数字化控制,因此随着步进电动机、力矩电动机和数控直流、交流伺服电动机的出现和技术进步,电火花机床中已越来越多地采用电-机械式主轴头。它们的传动链短,可由电动机直接带动进给丝杠,主轴头的导轨可采用矩形滚柱或滚针导轨。

3. 工具电极夹具

工具电极的装夹及其调节装置的形式很多,其作用是调节工具电极和工作台的垂直度以及调节工具电极的水平面内微量的扭转角。常用的有十字铰链式和球面铰链式。

4. 工作液循环、过滤系统

工作液循环过滤系统包括工作液(煤油)箱、电动机、泵、过滤装置、工作液槽、

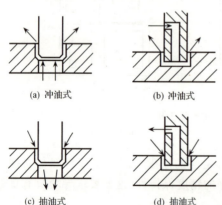

(a) 冲油式   (b) 冲油式

(c) 抽油式   (d) 抽油式

图 2-17　工作液强迫循环方式

油杯、管道、阀门以及测量仪表等。放电间隙中的电蚀产物除了靠自然扩散、定期抬刀以及使工具电极附加振动等排除外,常采用强迫循环的办法加以排除,以免间隙中电蚀产物过多,引起已加工过的侧表面间"二次放电",从而影响加工精度,此外也可带走一部分热量。图 2-17 为工作液强迫循环的两种方式。图 2-17(a)、(b)为冲油式,较易实现,排屑冲刷能力强,一般常采用此方式,但电蚀产物仍通过已加工区,稍影响加工精度;图 2-17(c)、(d)为抽油式,在加工过程中,分解出来的气体(H_2、C_2H_2 等)易积聚在抽油回路的死角处,遇电火花引燃会爆炸"放炮",因此一般用得较少,但在要求小间隙、精加工时也有使用的。

为了不使工作液越用越脏,影响加工性能,必须加以净化、过滤。其具体方法有:

（1）自然沉淀法。这种方法速度太慢，周期太长，只用于单件小用量或精微加工。

（2）介质过滤法。此法常用黄砂、木屑、棉纱头、过滤纸、硅藻土、活性炭等为过滤介质。这些介质各有优缺点，但对中小型工件、加工用量不大时，一般都能满足过滤要求，可就地取材，因地制宜。其中以过滤纸效率较高，性能较好，已有专用纸过滤装置生产供应。

（3）高压静电过滤、离心过滤法等。这些方法技术上比较复杂，采用较少。

目前生产上应用的循环系统形式很多，常用的工作液循环过滤系统应可以冲油，也可以抽油，目前国内已有多家专业工厂生产工作液过滤循环装置。

2.6 数控电火花线切割加工

2.6.1 概论

电火花线切割加工是较常用的特种加工方法之一，在特种加工中它又属于电火花加工一类。

我国数控线切割机床的拥有量占世界首位，其技术水平与世界先进水平的差距逐渐缩小。近年来，计算机技术的应用和线切割电火花加工技术结合，实现了各种复杂形状的模具和零件加工的自动化，其控制精度可达±0.01mm，表面粗糙度可达$1.25\sim2.5\mu m$。它不仅能加工一般金属材料，还能加工淬火钢、硬质合金钢和高硬质金属材料，还可以较好地加工精密的、形状复杂特殊而一般机械加工无法完成的零件。因此，线切割加工目前多应用在试制新产品、加工特殊材料（高硬度、高熔点及贵重金属）及加工模具零件上。

2.6.2 电火花线切割加工原理

电火花线切割加工是在电火花加工基础上发展起来的一种工艺方法，它是直接利用电能和热能进行加工的工艺方法。这种方法用一根移动着的金属丝（电极丝）作为工具电极与工件之间产生火花放电对工件进行切割，如图 2-18 所示。电极丝采用钼丝或硬性黄铜丝材料。被切割的工件为工件电极，脉冲电源发出连续的高频脉冲电压，加到工件电极和工具电极上。在电极丝与工件之间加有足够的具有一定绝缘性能的工作液。当电极丝与工件之间的距离小到一定程度时，工作液介质被击穿，电极丝与工件之间形成瞬时火花放电，产生瞬时高温，生成大量的热，使工件表面的金属局部熔化，甚至气化；再加上工作液体介质的冲洗作用，使得金属被蚀除下来。工件放在机床坐标工作台上，按数控装置或计算机程序控制下的预定轨迹进行加工，最后得到所需形状的工件。由于储丝筒带动工具电极，即电极丝做正反交替的高速运动，所以电极丝基本上不被蚀除，可较长时间使用。

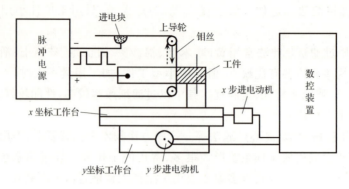

图 2-18　数控电火花线切割原理

2.6.3　数控线切割加工机床的分类与组成

1. 数控线切割机床的分类

根据电极丝运行的速度,数控电火花线切割加工机床通常可分为两大类:一类是高速走丝数控电火花线切割机床,另一类是低速走丝数控电火花线切割机床。快走丝机床是我国生产和使用的主要机床,这种机床的电极丝运行速度快,一般为 $6\sim10\text{m/s}$,而且是双向往返循环地运行。电极丝主要是钼丝和钨钼合金丝,直径为 $0.03\sim0.25\text{mm}$。工作液一般为水基液或去离子水,常用的水基液有植物油皂化液和线切割专用皂化液等。

2. 数控线切割机床的组成

数控线切割机床主要由机床本体、脉冲电源、控制系统、工作液循环系统和机床附件等几部分组成。

机床本体主要包括工作台、运丝机构、丝架和床身四个部分。

脉冲电源是线切割加工设备的重要组成部分,是影响线切割加工工艺指标最关键的设备之一。

控制系统是进行切割加工的重要环节。它的重要作用是在电火花线切割加工过程中,自动控制电极丝相对工件按加工要求进行切割加工;在此过程中不仅对走丝的轨迹进行自动控制,同时还对走丝的速度进行自动控制,以维持正常稳定的切割加工。

工作液循环系统一般由工作液泵、工作液箱、过滤器、管道和流量控制阀等组成,其作用是充分、连续地向加工区供给清洁的工作液,及时从加工区域中排除电蚀产物,对电极丝和工件进行冷却,以保持脉冲放电过程能稳定顺利地进行。

2.6.4 电火花线切割加工过程

加工者根据图纸中的工件尺寸、形状,编制一定的程序或用画图软件在计算机上完成绘图,由计算机自动生成加工程序并将程序输入到控制器中,在控制系统接收到输入的程序后,将其存入内存储器中,电火花线切割机床在收到加工命令后,就开始运行程序,通过计算机控制系统进行插补运算。每运算一次,发出一个进给脉冲,然后经过功放电路驱动步进电动机,使机床工作台按预定的轨迹进行加工。运丝系统由运丝电动机传动给储丝筒,通过行程开关使储丝筒做往复运动,从而使得钼丝与工件产生一次放电加工,根据钼丝与工件之间的间隙进行检测,检测信号的大小送入变频电路。再由变频电路产生的频率大小来控制计算机的进行速度。当间隔增大时就加快进给速度,当间隙减小时就减慢进给速度,以保持均衡的放电间隙,从而维持一定的加工电流。

2.6.5 电火花线切割操作步骤

线切割机床操作比较简单,操作顺序是先开启总电源开关,才能开启运丝电动机开关和液泵电动机开关。高频电源开关只是在加工时才打开,加工完成后则首先关掉高频电源,然后再关机床。CTW320TA 电火花线切割机床的具体操作步骤如下:

(1)将工件在工作台上装夹、找正好,并检查钼丝的安装情况及走丝行程的定位情况。

(2)打开控制系统电源(一般置于"开"位),旋出控制柜正面的红色开关(按箭头方向),再按下绿色开关,控制系统被启动。

(3)系统启动后,显示屏上弹出主菜单,使用光标键选择第 2 项(进入自动编程),按回车键确定。

(4)在 C:\CXYEXCH>后键入"TCAD",并按回车键。进入到 Turbo CAD绘图软件中,进行要加工零件图的绘制。

(5)制图结束,通过"单一串接"使图形串接成一条封闭的复线。

(6)在"线切割"中,用线切割指令,手动(M)设定好起割点,切入点(边),切割方向;用程式产生指令,使图形自动生成加工程序,当沿图出现一层黄色虚线时,则表示加工程序已自动生成了,即可在"档案"中选择"放弃作用"或"结束作用"退出TCAD 的作图界面,返回到 DOS 状态。

(7)在 DOS 下键入"CD\",回车,在 C:\键入"CNC2",回车,返回主菜单,用光标选择"1",进入加工状态,弹出加工界面。按"F3"键,输入要加工文件的文件名(包括路径)C:\TCAD\ *,回车;按"F5"键显示图形,确认图形,按"Esc"退出当前功能;按"F7"键加工预演,看加工方向及起割点坐标。

(8)将"F1"键按下,操作手控盒,使工作台移动,钼丝接近起割点,完成"对刀",准备开始加工。首先打开手控盒上的丝筒电动机开关,再打开工作液泵开关。接着按下控制柜上的加工键、高频键,最后按下"F8"键,开始加工。

(9) 当加工结束后,关掉控制柜上的高频键、加工键。关掉手控盒上的液泵开关,再关掉手控盒上的丝筒电动机开关。按下"F1"键用手控盒移动工作台,使工件与钼丝间隔一定距离后取下工件,避免碰撞钼丝。

(10) 按下控制柜上的红色开关,关掉电源。

2.6.6 TCAD 的使用介绍

Turbo CAD 是迪蒙卡特线切割操作机床上使用的一款 CAD/CAM 软件。它不仅能进行图形的绘制,而且能对图形(包括 Auto CAD 的 DXF 格式)自动编程,生成 3B 的代码。使用 Windows 98 系统或 DOS 系统。系统界面如图 2-19 所示。

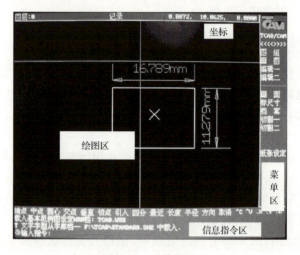

图 2-19　系统界面

鼠标使用时,左键为选择键,右键为回车键(Enter),不支持 3D 滚轮。在指令区的上方有一系列选项(端点、中点、圆心、交点、垂直、切点、引入、四分、最近、长度、半径、方向和取消),这是捕捉功能。未使用此功能时,鼠标是十字线,使用捕捉功能时,鼠标变成了一个小方框。

1. "图组"菜单(指令追回、反追回、图元辨识、图元查询、图元清单、系统参数)

可以用鼠标点击屏幕右侧的"图组"选项,或将鼠标移至屏幕上方会自动跳出"图组"等作图指令,如图 2-20 所示。

指令追回:类似于办公软件中的 UNDO(撤消),只能 UNDO 一步。

反追回:类似于办公软件中的 REDO,只能 REDO 一步。

图元辨识、图元查询、图元清单:可以查询图元的信息,包括图形的周长、面积和所含的图元个数。

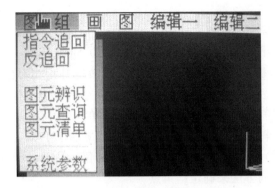

图 2-20 "图组"菜单

系统参数:可以设置绘图的一些参数和精度等。

2. "画图"菜单(点、线段、圆、圆弧、曲弧、椭圆、矩形、多边形、复线、文字等)(图 2-21)

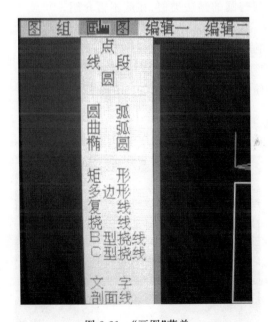

图 2-21 "画图"菜单

1)点

(1)可以直接用鼠标配合捕捉功能来进行画点。

(2)也可以在命令栏按提示输入点的坐标,如输入"10,20"(本软件只有唯一一个坐标系,不能更改)。

2）线段

（1）可以用鼠标配合捕捉功能作图。

（2）先点选一个起始点，信息指令区出现"D：定偏折角/DI：定绝对角"的提示。此时输入"D"，提示"输入偏折角度"。偏折角度是指相对前一个线段而言的偏折角度。"DI"则表示定绝对角，提示"请输入一个绝对值角度（以 X 轴正向为基准）"。以画一条竖直线举例说明，点击"画图"菜单下面的"线段"指令，根据提示先输入起始点"0,0"，再输入"DI"选择定绝对角，接着输入"90"，这时移动鼠标可以发现屏幕上以(0,0)为起点的一条竖直线，末端随鼠标移动。可以选择继续按提示输入长度或用捕捉的方法来确定结束点。

3）圆

（1）首先确定圆心，再输入半径或直径。确定圆心可以用鼠标配合捕捉功能，也可以输入坐标的方式。

（2）选择指令后，屏幕右侧出现一些列选项"3P,2P,TTT,TPT,PTT,PPT"等。P 为点，3P 为 3 点画圆，T 为相切，TTT 为 3 点相切画圆。

圆弧、曲弧、椭圆与圆的画法类似，在此不再介绍。

4）矩形

（1）通过确定矩形的对角点的位置来作图。

（2）先确定矩形的一个点的坐标，再根据提示输入长宽。

其他一些指令使用不多，在此不再一一介绍。

3．"编辑一"菜单（图 2-22）

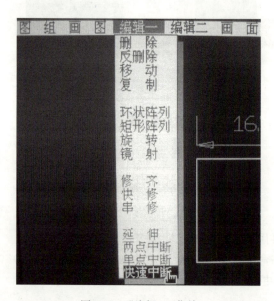

图 2-22　"编辑一"菜单

其中删除、反删除、移动、复制、环状阵列、矩形阵列、旋转、镜射等指令与一般CAD作图的指令没有区别,使用时仔细看信息指令区的提示。

修齐:用于去掉多余的线段、圆弧。使用时要注意根据提示先选修齐的边界,回车确认;再选要修齐的图元,回车确认。

快修:多用于线段与线段之间的修剪和延伸。操作时只需用左键连续点选两个线段即可,比修齐要快捷。

两点中断:注意中断一个圆时,系统会将圆沿两点分开,自动保留从起点到终点是顺时针的圆弧。

4."编辑二"菜单(图 2-23)

其中圆角、倒角、平行偏拉等命令不需介绍(一般的 CAD 软件都有的功能),接下来,介绍分解、单一串接、自动串接。

TCAD 中的元素都有以图元的形式,有点、直线、圆、圆弧等,而与 CAD 中对应的块操作一样,TCAD 中有复线这个概念。复线表示一个含多个图元的集合。而线切割需要的图形为封闭的复线,没有交叉,一笔画图形。

用串接的命令将一个个图元首尾连接起来,且没有交叉的图元,复线的起点和终点重合,是绘制线切割所用的图形

图 2-23 "编辑二"菜单

的关键(有时复线可以不必封闭,也可以进行程序生成)。

经常会出现两个图元串接不成功,仔细放大检查一下两个图元相接处是否有交叉和断点。如果发现了交叉和断点,需要用修剪、快修等编辑命令修改,这时请注意复线是不能被修剪的,修剪前需要分解复线成单一的图元。将断点修剪好后,再使用串接命令将图元一个个串接,如果发现另一处串接不了,说明存在断点和交叉,重复以上的操作,直至最后全部串接成功。系统提示形成了一个封闭的复线。

5."画面"菜单

常用的有屏幕放大和缩小、平移、全屏等命令。

6."尺寸标注"菜单

可以对图形的尺寸进行标注,但不能对尺寸和数值进行编辑。

7. "档案"菜单

可以对设计的图形进行档案的存取和读入,放弃和结束作图就可以退出系统。

8. "线切割"菜单(图 2-24)

对设计的图形进行自动编程,生成加工代码。具体步骤如下:
(1) 在图形上作出一个点(起割点);
(2) 选择线切割菜单的线切割命令;
(3) 选择或输入辅助命令中的 M(手动);
(4) 用引入捕捉功能选取起割点;
(5) 用适当的捕捉功能选取一个线切割的进入点;
(6) 选择线切割菜单中的程序产生命令,出现如图 2-24 所示的结果。

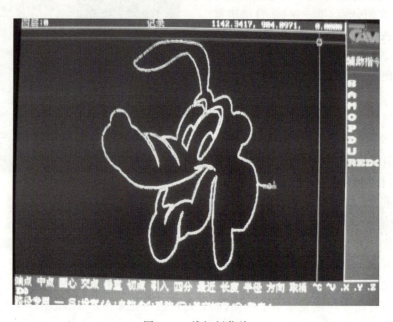

图 2-24　线切割菜单

在原复线上出现虚线,且用绿色的 1 字表示第一条刀路,绿色的三角符号表示切割的方向。

2.6.7　电火花线切割实习安全操作守则

(1) 实习时要按规定穿戴好工作服和防护帽。不准戴手套操作。
(2) 未经实习指导人员许可不准擅自动用任何设备、电闸、开关和操作手柄,以免发生安全事故。
(3) 实习中如有异常现象或发生安全事故应立即拉下电闸或关闭电源开关,

停止实习,保留现场并及时报告指导人员,待查明事故原因后方可再行实习。

(4) 机床附近不得放置易燃、易爆物品,防止因工作液一时供应不足而产生放电火花引起火灾事故。

(5) 检修机床、机床电器、加工电源、控制系统时,应注意适当切断电源,防止触电和损坏电器元件。

(6) 按照机床操作说明书所规定的润滑部位,定期注入规定的润滑脂或润滑油,保证机构运转灵活,尤其是导轮和轴承,要定期检查和更换。

(7) 定期检查机床的保护接地是否可靠,注意各部位是否漏电。送上加工电源后,不得用手或手持导电工具同时接触加工电源的两输出端(电极丝与工件或床身),防止触电。

(8) 必须配备可扑灭油性燃料的灭火器,并放置在机床附近易于拿到。一旦发生因电器短路造成的火灾,应先切断电源,然后立即用灭火器灭火,不得用水救火。

(9) 操作者必须熟悉机床性能、结构、操作规程、加工工艺,严格按操作步骤操作,经常检查机床的电源线、行程开关、丝筒换向限位块是否安全可靠,合理选择电参数,防止断丝、短路等故障(一定要打开断丝保护开关)。

(10) 开机前须检查室内温度是否符合工作要求($15 \sim 25$℃)。

(11) 正式加工前,要保证工作液箱中的工作液加满到位,管道和喷嘴要畅通,不应堵塞;确认工件位置安装正确,防止工件、夹具或螺栓等碰撞丝架。要注意加工的行程范围,防止因超程损坏丝杠、螺母等传动部件。

(12) 尽量消除工件的残余应力,防止切割过程中工件爆裂伤人。

(13) 卸载电极丝时,注意防止扎手。换下来的废丝要放在规定的容器内,防止混入电路和走丝系统中,造成电器短路、触电和断丝等事故。上丝时,丝筒换向时具有惯性,要注意提前按下按钮,避免断丝及传动件撞损。

第3章 电化学加工技术

电化学加工(electro-chemical machining,ECM)是利用电极在电解液中发生的电化学作用对金属材料进行加工的方法。电化学加工的基本理论建立于19世纪末,20世纪30~50年代后在工业上得到了大规模的应用。目前,电化学加工已被广泛地应用在涡轮、齿轮、异型孔等复杂型面、型孔的加工以及炮管内膛线加工和去毛刺等工艺过程,成为我国民用、国防工业中的一个不可或缺的加工手段。

3.1 电化学加工的原理、分类、特点及适用范围

电解加工是利用金属在电解液中的电化学阳极溶解将工件加工成形的。在工业生产中,这一电化学腐蚀作用最早被应用于抛光工件表面。因为在抛光时工件与工具电极的距离较大,电流密度小,金属去除率低,不能改变零件的原有形状和尺寸,只能改善零件表面的粗糙程度。后来在此基础上不断革新和发展,逐步形成较完整的电解加工理论和方法。

1. 电化学加工的原理

图 3-1 所示为电化学加工的原理。两片金属铜(Cu)板浸在导电溶液,如氯化铜($CuCl_2$)的水溶液中,此时水(H_2O)离解为氢氧根负离子(OH^-)和氢正离子(H^+),氯化铜离解为两个氯负离子($2Cl^-$)和二价铜正离子(Cu^{2+})。当两铜片接上约 10V 的直流电时,即形成导电通路,导线和溶液中均有电流流过,在金属片(电极)和溶液的界面上,就会有交换电子的反应,即电化学反应。溶液中的离子将做定向移动,铜正离子移向阴极,在阴极上得到电子而进行还原反应,沉积出铜。在阳极表面铜原子失掉电子而成为铜正离子进入溶液。溶液中正、负离子的定向移动称为电荷迁移。在阳、阴电极表面发生得失电子的化学反应称为电化学反应。这种利用电化学反应原理对金属进行加工(图 4-1 中阳极上为电解蚀除,阴极上为电镀沉积,常用以提炼纯铜)的方法即为电化学加工,其实任何两种不同的金属放入任何导电的水溶液

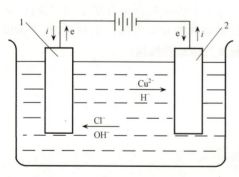

图 3-1 电解(电镀)液中的电化学反应
1-阳极;2-阴极

中,在电场作用下都会有类似情况发生。阳极表面失去电子(氧化作用)产生阳极溶解、蚀除,俗称电解;阴极得到电子,金属离子还原成为原子沉积到阴极表面,常称为电镀。

2. 电化学加工的分类与特点

电化学加工分为两大类——阳极电解蚀除和阴极电镀沉积加工。阳极电解蚀除又因工艺方法的不同而分为电解加工、电解扩孔、电解抛光、电解去毛刺、电解磨削、电解研磨等。阴极电镀沉积又因工艺的不同而分为装饰电镀、电铸(快速、大厚度电镀)、刷镀(无槽电镀)、复合电镀等。电化学加工也是不接触加工,工具电极和工件之间存在着工作液(电解液或电镀液);电化学加工过程无宏观切削力,为无应力加工。

电解加工原理虽与切削加工类似,为"减材"加工,从工件表面去除多余的材料,但与之不同的是电解加工是不接触、无切削力、无应力加工,可以用软的工具材料加工硬韧的工件,"以柔克刚",因此可以加工复杂的立体成形表面。由于电化学、电解作用是按原子、分子一层层进行的,因此可以控制极薄的去除层,进行微薄层加工,同时可以获得较小的表面粗糙度。

电镀、电铸为"增材"加工,向工件表面增加、堆积一层层的金属材料,也是按原子、分子逐层进行的,因此可以精密复制复杂精细的花纹表面,而且电镀、电铸、刷镀上去的材料,可以比原工件表面的材料有更好的硬度、强度、耐磨性及抗腐蚀性能等。

3. 电化学加工的适用范围

电化学加工的适用范围,因电解和电镀两大类工艺的不同而不同。

电解加工可以加工复杂成形模具和零件,如汽车、拖拉机连杆等各种型腔锻模,航空、航天发动机的扭曲叶片,汽轮机定子、转子的扭曲叶片,炮筒内管的螺旋"膛线"(来复线)、齿轮、液压件内孔的电解去毛刺及扩孔、抛光等。电镀、电铸可以复制复杂、精细的表面,刷镀可以修复磨损的零件,改变原表面的物理性能,有很大的经济效益和社会效益。

3.2 电化学加工设备及其组成部分

无论是电解还是电镀、电铸、刷镀,其基本设备都是直流电源、电解液(电镀液)循环系统、装夹工具电极和工件的机床、夹具系统等。有的电解加工还需进给系统,根据不同的工艺所需设备有很大的不同。

目前电解加工机床只有齿轮倒角、去毛刺等少数机床有定型产品,而且产量很小。其他电解加工机床基本上都是单件、小批研制,自制设备,或需向专业科研、生产单位订货或委托研制。

下面以电解加工为例来阐述其设备组成。

1. 直流电源

电解加工中常用的直流电源为硅整流电源及可控硅整流电源。

硅整流电源中先用变压器把 380V 的交流电变为低电压的交流电,电压为 8～16V,电流为 10～1000A。而后用 2CZ 型的大功率硅二极管将交流电整流成直流。为了能调节电压,最早靠变压器次级绕组抽头,但这样只能分级跳跃地调节电压,而且不能在加工进行中调节,仅可用于功率较小、要求不高的场合,如图 3-2 所示。为了能无级调压,目前生产中采用的有:①轭流式饱和电抗器调压;②自饱和式电抗器调压;③可控硅调压。

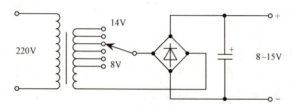

图 3-2　电解加工用直流电源

在硅整流电源中,饱和电抗器调压与可控硅调压相比,前者的电抗器都是由铁磁材料制成的,因此坚固、抗振、耐潮、寿命长、运行可靠,这就使维护工作大为减少;此外,由于在负载电路和控制电路之间没有电联系,抗干扰性能好,这些都是其优点。但铜、铁用量多,质量和体积大,制造工艺复杂,则是其不可避免的缺点。

可控硅调压则比电抗器节省大量铜、铁材料,减小了电源的体积和质量,也减少了电源的功率损耗。同时,可控硅是无惯性元件,控制速度快,灵敏度高,有利于进行自动控制以及火花和短路保护。其缺点是抗过载能力差,较易损坏。

为了进一步提高电解加工精度,生产中采用了脉冲电流电解加工,这时需采用脉冲电源。由于电解加工需要大电流,因而都采用可控硅脉冲电源。

2. 电解加工机床

电解加工由于可以利用立体成形的阴极进行加工,从而大大简化了机床的成形运动机构。对于阴极固定式的专用加工机床,只需装夹固定好工件和工具的相互位置,并引入直流电源和电解液即可,它实际上是一套夹具。移动式阴极电解加工机床用得比较多。这时一般工件固定不动,阴极做直线进给移动,只有少数零件如膛线加工,以及要求较高的筒形零件等才需做旋转进给运动。

机床的形式主要有卧式和立式两类。卧式机床主要用于加工叶片、深孔及其他长筒形零件。立式机床主要用于加工模具、齿轮、型孔、短的花键及其他扁平零件。

　　电解加工机床目前大多采用机电传动方式,有采用交流电动机经机械变速机构实现机械进给的,它不能无级调速,在加工过程中也不能变速,一般用于产品比较固定的专用电解加工机床。目前大多数采用伺服电动机或直流电动机无级调速的进给系统,而且还容易实现自动控制。电解加工中所采用的进给速度都是比较低的,因此都需要有降速用的变速机构。由于降速比较大,故行星减速器、谐波减速器在电解加工机床中被更多地采用。为了保证进给系统的灵敏性,使低速进给时不发生爬行现象,广泛采用滚珠丝杠传动,用滚动导轨代替滑动导轨。

　　3. 电解液系统

　　电解液系统是电解加工设备中不可缺少的一个组成部分,系统的主要组成有泵、电解液槽、过滤装置、管道和阀等,如图 3-3 所示。

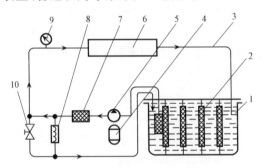

图 3-3　电解液系统示意图
1-电解液槽;2-过滤网;3-管道;4-泵用电动机;5-离心泵;6-加工区;
7-过滤器;8-安全阀;9-压力表;10-阀门

　　目前生产中的电解液泵大多采用多级离心泵代替齿轮泵,因为离心泵的轴承是与泵腔分开的,所以密封和防腐比较容易实现,故使用周期较长。其压力为 $0.5\sim2$MPa。

　　随着电解加工的进行,电解液中的电解产物(主要是氢氧化物)含量增加,严重时将堵塞加工间隙,引起局部短路,故电解液的净化是非常必要的。

　　电解液的净化方法很多,目前用得比较广泛的是自然沉淀法。由于金属氢氧化物是成絮状物存在于电解液中的,而且质量较轻,有些金属的氢氧化物的密度几乎与电解液差不多,因此自然沉淀的速度很慢,必须要有较大的沉淀面积才能获得好的效果。在实际生产中往往采取一些加速沉淀的措施。

　　介质过滤法也是常用的方法之一,过去采用钢丝网或不锈钢丝网过滤。由于塑料工业的发展,目前都采用 $100\sim200$ 目的尼龙丝网过滤,成本低,效果好,制造和更换容易。实践证明,电解加工中最有害的不是氢氧化物沉淀,而是一些固体杂质小屑或腐蚀冲刷下来的金属晶粒,必须将它们滤除。通常可用沉淀的方法,定期将池底或槽底的沉淀物抽吸掉。

电镀液的循环与上类似，但压力与流量可较低，小于0.1MPa。

3.3 电化学加工工艺及规律

1. 电化学加工的生产率及其影响因素

电化学加工的生产率，以单位时间内去除或沉积的金属量来衡量，用mm^3/min或g/min表示。它首先决定于工件材料的电化学当量，其次与电流密度有关，此外电解（电镀）液及其参数也有很大影响。

2. 金属的电化学当量和生产率的关系

由实践得知，电化学加工时电极上溶解或析出物质的量（质量M或体积V），与电解（电镀）电流大小I和电解时间t成正比，也就是与电量（$Q=It$）成正比，其比例系数称为电化学当量。这一规律即所谓法拉第电解定律，用公式表示如下：

用质量计

$$M = KIt$$

用体积计

$$V = \omega It \tag{3-1}$$

式中：M——电极上溶解或析出物质的质量（g）；

$\quad\quad V$——电极上溶解或析出物质的体积（mm^3）；

$\quad\quad K$——被电解物质的质量电化学当量（$g/(A \cdot h)$）；

$\quad\quad \omega$——被电解物质的体积电化学当量（$mm^3/(A \cdot h)$）；

$\quad\quad I$——电解（电镀）电流（A）；

$\quad\quad t$——电解（电镀）时间（h）。

由于质量和体积换算时差一密度ρ，同样质量电化学当量K换算成体积电化学当量ω也差一密度ρ，即

$$\left.\begin{array}{l}M = V\rho \\ K = \omega\rho\end{array}\right\} \tag{3-2}$$

铁在氯化钠电解液中的电化学当量$K = 1.042g/(A \cdot h)$，$\omega = 133mm^3/(A \cdot h)$，即每安培电流每小时可电解掉1.042g或$133mm^3$的铁（铁的密度$\rho = 7.8g/mm^3$）。各种金属的电化学当量可查表或由试验求得。

法拉第电解定律可用来根据电量（电流乘时间）计算任何被电解金属或电镀金属的数量，并在理论上不受电解液浓度、温度、压力、电极材料及形状等因素的影响。这从机理上不难理解，因为电极上物质之所以产生溶解或析出等电化学反应是因为电极和电解液间有电子得失交换。例如，要使阳极上的一个铁原子成为二

价铁离子溶入电解液,必须从阳极取走两个电子,如为三价铁离子溶入,则必须取走三个电子,因此电化学反应的量必然和电子得失交换的数量(即电量)成正比,而和其他条件如温度、压力、浓度等在理论上没有直接关系。

表 3-1 列出了一些常见金属的电化学当量,其他金属的电化学当量可在有关的电化学书籍中找到。对多元素合金,可以按元素含量的比例折算出,或由试验确定。

表 3-1 一些常见金属的电化学当量

金属名称	密度/(kg/m³)	电化学当量		
		$K/(g/(A \cdot h))$	$\omega/(mm^3/(A \cdot h))$	$\omega/(mm^3/(A \cdot min))$
铁碳合金	7.86	1.042(二价)	133	2.22
		0.696(三价)	89	1.48
镍	8.80	1.95	124	2.07
铜	8.93	1.188(二价)	133	2.22
钴	8.73	1.099	126	2.10
铬	6.9	0.648(三价)	94	1.56
		0.324(三价)	47	0.78
铝	2.69	0.335	124	2.07

知道了金属或合金的电化学当量,利用法拉第电解定律可以根据电流及时间来计算金属蚀除量,或反过来根据加工留量来计算所需电流及加工工时。通常铁和铁基合金在氯化钠电解液中的电流效率可按 100% 计算。

例 某厂用氯化钠电解液加工一种碳钢零件,加工余量为 22200mm³,要求 5min 电解加工完一个零件。求需用多大电流?如有 5000A 容量的直流电源,电解时间需多少?

解 由表 3-1 知碳钢的 $\omega = 133mm^3/(A \cdot h)$,代入式(3-1)得

$$I = \frac{V}{t\omega} = \frac{22200 \times 60}{5 \times 133 \times 1} = 2000(A)$$

如充分利用 5000A 的电源,则单件机动工时为

$$t = \frac{V \cdot 60}{1 \times 133 \times 5000} = 2.4min$$

3. 电流密度和生产率的关系

因为电流 I 为电流密度 i 与加工面积 A 的乘积,故代入式(3-1)得

$$V = \omega i A t \qquad (3-3)$$

用总的金属蚀除量来衡量生产率,在实用上有很多不方便之处,生产中常用蚀除速度来衡量生产率。由图 3-4 可知,蚀除掉的金属体积 V 是加工面积 A 与电解

掉的金属厚度(距离)h 的乘积,即 $V = Ah$,而阳极金属的蚀除速度 $v_a = h/t$,代入式(3-3)即得

$$v_a = \omega i \tag{3-4}$$

式中:v_a——金属阳极(工件)的蚀除速度(mm/min);

i——电流密度(A/mm^2)。

由式(3-4)可知,蚀除速度与该处的电流密度成正比,电流密度越高,蚀除速度和生产率也越高。

实际的电流密度,决定于电源电压、电极间隙的大小以及电解液的电导率。因此要定量计算蚀除速度,必须推导出蚀除速度与电极间隙大小、电压等的关系。

4. 电极间隙大小与蚀除速度的关系

实际加工中,电极间隙越小,电解液的电阻也越小,电流密度就越大,因此蚀除速度就越高。图 3-4 中设电极间隙为 Δ,电极面积为 A,电解液的电阻率 ρ 为电导率 σ 的倒数,即 $\rho = \dfrac{1}{\sigma}$,则电流 i 为

$$I = \frac{U_R}{R} = \frac{U_R \sigma A}{\Delta} \tag{3-5}$$

$$i = \frac{I}{A} = \frac{U_R \sigma}{\Delta} \tag{3-6}$$

将式(3-6)代入式(3-4)得

$$v_a = \omega \sigma \frac{U_R}{\Delta} \tag{3-7}$$

式中:σ——电导率($(\Omega \cdot mm)^{-1}$);

U_R——电解液的欧姆电压降(V);

Δ——电极间隙(mm)。

外接电源电压 U 为电解液的欧姆压降 U_R、阳极压降 U_a 与阴极压降 U_c 之和,即

$$U = U_a + U_c + U_R \tag{3-8}$$

所以

$$U_R = U - (U_a + U_c) \tag{3-9}$$

由于阳极压降(即阳极的电极电位及超电压之和)及阴极压降(即阴极的电极电位及超电压之和)的数值一般为 $2 \sim 3V$,加工钛合金时还要大些。为简化计算,可按

$$U_R = U - 2 \text{ 或 } U_R \approx U$$

式(3-7)说明蚀除速度 v_a 与体积电化学当量 ω、电导率 σ、欧姆压降 U_R 成正比,而与电极间隙 Δ 成反比,即电极间隙越小,工件被蚀除的速度越大。但间隙过小将引起火花放电或电解产物特别是氢气排泄不畅,反而降低蚀除速度或易被脏物堵

死而引起短路。当电解液参数、工件材料、电压等均保持不变时，即 $\omega \sigma U_R = C$（常数），则

$$v_a = \frac{C}{\Delta}$$

即蚀除速度与电极间隙成反比；或者写成 $C = v_a \Delta$，即蚀除速度与电极间隙的乘积为常数，此常数称为双曲线常数。v_a 与 Δ 的双曲线关系是分析成形规律的基础。在具体加工条件下，可以求得常数 C。例如，当工件材料为碳钢时，$\omega = 2.22\,\mathrm{mm^3/(A \cdot min)}$，氯化钠电解液浓度为 15%、温度为 30℃时，其电导率为 $0.2(\Omega \cdot cm)^{-1} = 0.02(\Omega \cdot mm)^{-1}$，$U_R$ 为 10V，电流效率接近 100%，则 $C = 2.22 \times 0.02 = 0.444(\mathrm{mm^2/min})$，即 $v_a \cdot \Delta = 0.444$ 根据不同电极间隙，即可求出不同的蚀除速度。

5. 电解加工时的电极反应

电解加工时电极间的反应是相当复杂的，这主要是因为工件材料一般不是纯金属，而是多种金属元素的合金，其金相组织也不完全一致。所用的电解液往往也不是该金属盐的溶液，而且还可能含有多种成分。电解液的浓度、温度、压力及流速等对电极反应过程也有影响。现以在氯化钠水溶液中电解加工铁基合金为例分析电极反应。

电解加工钢件时，常用的电解液是质量分数为 14%～18% 的氯化钠水溶液。由于氯化钠和水的离解，在电解液中存在着 H^+、OH^-、Na^+、Cl^- 四种离子，现分别讨论其阳极反应及阴极反应。

1) 阳极反应

阳极表面每个铁原子在外电源作用下放出（被夺去）两个电子，成为正的二价铁离子而溶解进入电解液中

$$Fe - 2e \rightarrow Fe^{2+}$$

负的氢氧根离子被阳极吸引，丢掉电子而析出氧气

$$4OH^- - 4e \rightarrow O_2 \uparrow$$

负的氯离子被阳极吸引，丢掉电子而析出氯气

$$2Cl^- - 2e \rightarrow Cl_2 \uparrow$$

根据电极反应过程的基本原理，电极电位最小的物质将首先在阳极反应。因此，在阳极首先是铁丢掉电子，成为二价铁离子而溶解，溶入电解液中的 Fe^{2+} 又与 OH^- 化合，生成 $Fe(OH)_2$。由于它在水溶液中的溶解度很小，故生成沉淀而离开反应系统

$$Fe^{2+} + 2OH^- \rightarrow Fe(OH)_2 \downarrow$$

$Fe(OH)_2$ 沉淀为墨绿色的絮状物，随着电解液的流动而被带走。$Fe(OH)_2$ 又逐渐为电解液和空气中的氧氧化为 $Fe(OH)_3$

$$4Fe(OH)_2 + 2H_2O + O_2 \rightarrow 4Fe(OH)_3 \downarrow$$

$Fe(OH)_3$ 为黄褐色沉淀(铁锈)。

2) 阴极反应

正的氢离子被吸引到阴极表面,从电源得到电子而析出氢气

$$2H^+ + 2e \rightarrow H_2 \uparrow$$

由此可见,电解加工过程中,在理想情况下,阳极铁不断以 Fe^{2+} 的形式被溶解,水被分解消耗,因而电解液的浓度逐渐变大。电解液中的氯离子和钠离子仅起导电作用,本身并不消耗,所以氯化钠电解液的使用寿命长,只要过滤干净,适当添加水分,可长期使用。

6. 电化学加工的表面质量和加工精度

1) 电化学加工的表面质量

无论是电解加工还是电镀、电铸、刷镀加工,都有较好的表面质量,没有切削加工、电火花加工后的表面破坏层、变质层,也没有"刀花"。一般表面粗糙度值可在 $Ra0.8 \sim 0.9 \mu m$ 以下。这是因为电化学加工是以原子、分子逐层进行的。电解加工时原金属的金相组织、晶粒大小对加工后的表面粗糙度有一定的影响。

2) 电化学加工的加工精度

电解加工时因工件与阴极工具表面有较大的加工间隙($0.2 \sim 2mm$),而且电解液不像煤油那样有较大的绝缘电阻,间隙稍大(大于 $0.05mm$),火花击穿不了加工间隙,使放电过程自然停止,可以获得较好的成形精度($\pm 0.01mm$)。而电解液的电阻率很低(电导率较高),电极间隙较大,在加工过程中有"杂散腐蚀",加工精度一般在 $\pm(0.1 \sim 0.2)mm$。只有采用低浓度的硝酸钠等"非线性"电解液小间隙加工时,加工精度才可达 $\pm 0.05mm$。

电镀时因镀层很薄($1 \sim 10 \mu m$),镀后还常用布轮抛光,因此尺寸精度决定于原工件的精度。

电铸后的表面形状和尺寸是原工件(母件)表面的阴阳翻版,可以获得很高的尺寸精度,可以复制很精细的花纹图案。

3.4 电化学加工的应用实例

1. 电解加工

1) 电解加工成形表面的原理

电解加工是在电解抛光的基础上发展起来的,图 3-4 为电解加工成形表面过程的示意图。加工时,工件接直流电源的正极,工具接电源的负极。工具向工件缓慢进给,使两极之间保持较小的间隙($0.1 \sim 1mm$),具有一定压力($0.49 \sim$

1.96MPa)的电解液从间隙中流过,这时阳极工件的金属被逐渐电解腐蚀,电解产物被高速(5~50m/s)的电解液带走。

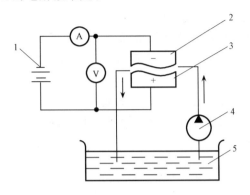

图 3-4 电解加工示意图

1-直流电源;2-工具阴极;3-工件阳极;4-电解液泵;5-电解液

电解加工成形原理如图 3-5 所示,图 3-5 中的细竖线表示通过阴极(工具)与阳极(工件)间的电流,竖线的疏密程度表示电流密度的大小。在加工刚开始时,阴极与阳极距离较近的地方通过的电流密度较大,电解液的流速也常较高,阳极溶解速度也就较快,如图 3-5(a)所示。由于工具相对工件不断进给,工件表面就不断被电解,电解产物不断被电解液冲走,直至工件表面形成与阴极工作面基本相似的形状为止,如图 3-5(b)所示。

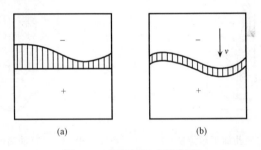

(a)   (b)

图 3-5 电解加工成形原理

此法可用以加工汽轮机、涡轮机扭曲叶片。在航空发动机制造部门已设计研制采用卧式双头(双电极)电解叶片加工机床,从叶片的叶盆(凹面)和叶背(凸面)两面同时进给加工,5~10min 可加工出一个扭曲叶片。

2) 端面进给式型孔、型腔加工

图 3-6 为型孔电解加工示意图。在生产中往往会遇到一些尺寸较小的四边形、六边形、椭圆、半圆或形状更复杂的通孔和不通孔,机械加工很困难,如采用电解加工,则可以大大提高生产效率及加工质量。型孔加工一般采用端面进给法,为了避免锥度,阴极主体 3 侧面必须有绝缘体 4。为了提高加工速度,可适当增加工

作端面 6 的面积,使阴极内圆锥面的高度为 1.5～3.5mm,工作端及侧成形环面的宽度一般取 0.3～0.5mm,出水孔的截面面积应大于加工间隙的截面面积。

3) 喷油嘴内内圆弧槽的电解扩孔加工

图 3-7 所示为加工喷油嘴内圆弧槽的例子。如果采用机械加工是比较困难的,而用固定阴极电解扩孔则很容易实现,而且可以同时加工多个零件,大大提高生产率,降低成本。

电解液从工具阴极 2 中心进入,有 2 的底端经绝缘套 3 的孔隙向上流出。由于工件 4 接阳极,其裸露表面在电解液中被工具阴极的突出圆环电解成内圆弧环槽。

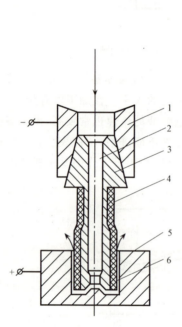

图 3-6　端面进给式型孔加工示意图
1-机床主轴套;2-进水孔;3-阴极主体;
4-绝缘体;5-工件;6-工作端面

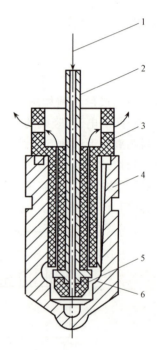

图 3-7　喷油嘴内圆弧槽的加工
1-电解液进口;2-工具阴极;3-绝缘套;4-工件;
5-绝缘层;6-被加工表面内圆弧槽

4) 整体叶轮转子电解套料加工

电解加工整体叶轮在我国已得到普遍应用,如图 3-8 所示。叶轮上的叶片是采用套料法逐个加工的。加工完一个叶片,退出阴极,分度后再加工下一个叶片。在采用电解加工以前,加工叶片是经精密锻造、机械加工、抛光后镶到叶轮轮缘的榫槽中,再焊接而成,加工量大,周期长,而且质量不易保证。电解加工整体叶轮,只要把叶轮坯加工好后,直接在轮坯上加工叶片,加工周期大大缩短,叶轮强度高,质量好。

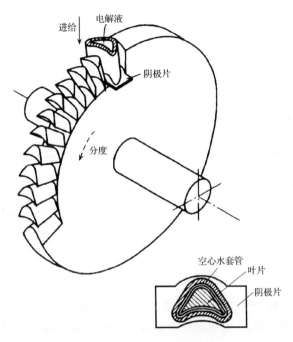

图 3-8 电解加工整体叶轮

5）齿轮的电解去毛刺

机械加工中去毛刺的工作量很大，尤其是去除硬而韧的金属毛刺，需要占用很多人力。电解倒棱去毛刺可以大大提高工效和节省费用，图 3-9 是齿轮的电解去毛刺装置。工件齿轮套在绝缘柱上，环形电极工具也靠绝缘柱定位安放在齿轮上面，保持 3～5mm 间隙（根据毛刺大小而定），电解液在阴极端部和齿轮的端面齿面间流过，阴极和工件间通上 20V 以上的电压（电压高些，间隙可大些），约 1min 就可去除毛刺。

6）电解刻字

机械加工中，在工序间检查或成品检查后要在零件表面作一合格标志，加工的非基准面一般也要打上标志以示区别（如轴承环的加工），产品的规格、材料、商标等也要标刻在产品表面。过去一般由机械打字完成。但机械打字要用字头对工件表面施以锤打，靠工件表面产生的凹陷及隆起变形才能实现，这对于热处理后已淬硬的零件或壁厚很薄，或精度很高、表面不允许破坏的零件而言，都是不允许的。而电解刻字则可以在那些常规的机械刻字不能进行的表面上刻字。电解刻字时，字头接阴极（图 3-10），工件接阳极，二者保持大约 0.1mm 的电解间隙，中间滴注少量的钝化型电解液，在 1～2s 的时间内完成工件表面的刻字工作。目前可以做到在金属表面刻出黑色的印记，也可在经过发蓝处理的表面上刻出白色的印记。

利用同样的原理,改变电解液成分并适当延长放电时间,就可实现在工件表面刻印花纹。

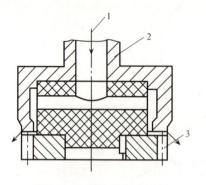 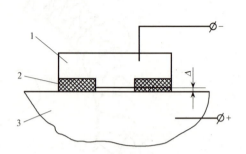

图 3-9 齿轮的电解去毛刺   图 3-10 电解刻字示意图
1-电解液;2-阴极工具;3-齿轮工件   1-字头;2-绝缘层;3-工件

7) 电解磨削

电解磨削属于电化学机械加工的范畴。电解磨削是由电解作用和机械磨削作用相结合而进行加工的,比电解加工具有较好的加工精度和表面粗糙度,比机械磨削有较高的生产率。与电解磨削相近似的还有电解珩磨合电解研磨。

图 3-11 所示的是电解磨削原理图。导电砂轮 1 与直流电源的阴极相连,被加工工件 2(硬质合金车刀)接阳极,它在一定压力下与导电砂轮相接触。加工区域中送入电解液 3,在电解、机械磨削的双重作用下,车刀的后刀面很快就被磨光。

图 3-12 所示为电解磨削加工过程原理图,图中 1 为磨料砂粒,2 为导电砂轮的结合剂(铜或石墨),3 为被加工工件,4 为电解产物(阳极钝化薄膜),间隙中被电解

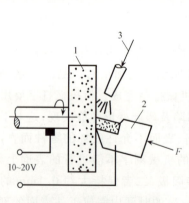 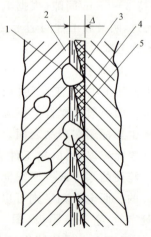

图 3-11 电解磨削原理图   图 3-12 电解磨削加工过程原理图
1-导电砂轮;2-工件;3-电解液   1-磨粒;2-结合剂;3-工件;4-阳极薄膜;
                                      5-电极间隙及电解液

液 5 充满。电流从工件 3 通过电解液 5 而流向磨轮,形成通路,于是工件(阳极)表面的金属在电流和电解液的作用下发生电解作用(电化学腐蚀),被氧化成为一层极薄的氧化物或氢氧化物薄膜 4,一般称它为阳极薄膜。但刚形成的阳极薄膜迅速被导电砂轮中的磨料刮除,在阳极工件上又露出新的金属表面并被继续电解。这样,由电解作用和刮除薄膜的磨削作用交替进行,使工件连续地被加工,直至达到一定的尺寸精度和表面粗糙度。

电解磨削过程中,金属主要靠电化学作用腐蚀下来,砂轮仅起磨去电解产物阳极钝化膜和整平工件表面的作用。

电解磨削与机械磨削比较,具有以下特点:

(1)加工范围广,加工效率高。由于它主要是电解作用,因此只要选择合适的电解液就可以用来加工任何高硬度与高韧性的金属材料。例如,磨削硬质合金时,与普通的金刚石砂轮磨削相比较,电解磨削的加工效率要高 3～5 倍。

(2)可以提高加工精度及表面质量。因为砂轮并不主要磨削金属,磨削力和磨削热都很小,不会产生磨削毛刺、裂纹、烧伤现象,一般表面粗糙度可优于 Ra0.16μm。

(3)砂轮的磨损量小。例如,磨削硬质合金,普通刃磨时,碳化硅砂轮的磨损量为切除硬质合金质量的 4～6 倍;电解磨削时,砂轮的磨损量不超过硬质合金切除量的 50%～100%。与普通金刚石砂轮磨削相比较,电解磨削用的金刚石砂轮的损耗速度仅为它们的 1/5～1/10,可显著降低成本。

8)电解珩磨与电解研磨

(1)电解珩磨。

对于小孔、深孔、薄壁筒等零件,可以采用电解珩磨,图 3-13 为电解珩磨加工深孔示意图。

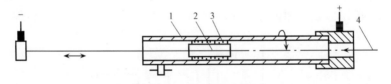

图 3-13 电解珩磨简图
1-工件;2-珩磨头;3-磨条;4-电解液

普通的珩磨机床及珩磨头稍加改装,很容易实现电解珩磨。电解珩磨的电参数可以在很大范围内变化,电压为 3～30V,电流密度为 0.2～1A/cm²。电解珩磨的生产效率比普通珩磨高,表面粗糙度也得到改善。

(2)电解研磨。

把电解加工与机械研磨结合在一起,就构成了一种新的加工方法——电解研磨,如图 3-14 所示。电解研磨加工采用钝化型电解液,利用机械研磨去除表面微

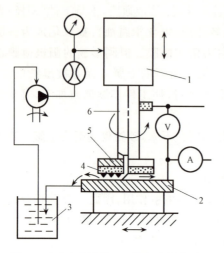

图 3-14　电解研磨加工(固定磨料方式)

1-回转装置;2-工件;3-电解液;4-研磨材料;

5-工具电极;6-主轴

观各高点的钝化膜,使其露出基体金属并再次形成新的钝化膜,实现表面的镜面加工。

电解研磨按磨料是否粘固在弹性合成无纺布上可分为固定磨料加工和流动磨料加工两种。固定磨料加工是将磨料粘在无纺布上之后包覆在工具阴极上,无纺布的厚度即为电解间隙。当工具阴极与工件表面充满电解液并有相对运动时,工件表面将依次被电解,形成钝化膜,同时受到磨粒的研磨作用,实现复合加工。流动磨料电解研磨加工时工具阴极只包覆弹性合成无纺布,极细的磨料则悬浮在电解液中,因此磨料研磨时的研磨轨迹就更加杂乱而无规律,这正是获得镜面的主要原因。

9) 电铸加工

(1) 电铸加工的原理。

电铸加工的原理如图 3-15 所示,用可导电的原模作为阴极,用电铸材料(如纯铜)作为阳极,用电铸材料的金属盐(如硫酸铜)溶液作为电铸镀液。在直流电源的作用下,阳极上的金属原子失去电子成为正金属离子进入镀液,并进一步在阴极上获得电子成为金属原子而沉积镀覆在阴极原模表面,阳极金属源源不断成为金属离子补充溶解进入电铸镀液,保持浓度基本不变,阴极原模上电铸层逐渐加厚,当达到预定厚度时即可取出,设法与原模分离,即可获得与原模型面凹凸相反的电铸件。

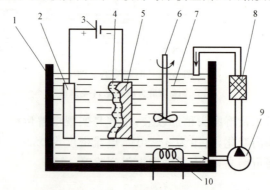

图 3-15　电铸原理图

1-电镀槽;2-阳极;3-直流电源;4-电铸层;5-原模(阴极);6-搅拌器;

7-电铸液;8-过滤器;9-泵;10-加热器

（2）电铸加工的特点：

① 能准确、精密地复制复杂型面和细微纹路。

② 能获得尺寸精度高、表面粗糙度小于 Ra0.1μm 的复制品，同一原模生产的电铸件一致性极好。

③ 借助石膏、石蜡、环氧树脂等作为原模材料，可把复杂零件的内表面复制为外表面，外表面复制为内表面，然后再电铸复制，适应性广泛。

（3）电铸加工主要应用范围。

① 复制精细的表面轮廓花纹，如唱片模、工艺美术品模及纸币、证券、邮票的印刷版。

② 复制注塑用的模具、电火花型腔加工用的电极工具。

③ 制造复杂、高精度的空心零件和薄壁零件，如波导管、筛网、滤网、剃须刀网罩等。

④ 制造表面粗糙度标准样块、反光镜、表盘、异型孔喷嘴等特殊零件。

10）刷镀（涂镀）加工

（1）刷镀加工的原理。

刷镀又称涂镀或无槽电镀，是在金属工件表面局部快速电化学沉积金属的新技术，图 3-16 为其原理图。转动的工件 1 接直流电源 3 的负极，正极与镀笔相接，镀笔端部的不溶性石墨电极用外包尼龙布的脱脂棉套 5 包住，镀液 2 饱蘸在脱脂棉中或另外再浇注，多余的镀液流回容器 6，镀液中的金属正离子在电场作用下在阴极表面获得电子而沉积涂镀在阴极表面，可达到自 0.001mm 直至 0.5mm 以上的厚度。

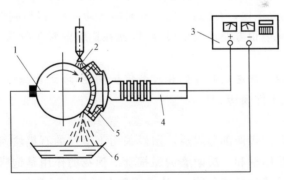

图 3-16　刷镀加工原理
1-工件；2-镀液；3-电源；4-镀笔；5-棉套；6-容器

（2）刷镀加工的特点。

不需要镀槽，可以对局部表面刷镀，设备、操作简单，机动灵活性强，可在现场就地施工，不易受工件大小、形状的限制，甚至不必拆下零件即可对其局部刷镀。

刷镀液种类、可刷镀的金属比槽镀多,选用更加方便,易于实现复合镀层,一套设备可镀金、银、铜、铁、锡、镍、钨、铟等多种金属。

镀层与基体金属的结合力比槽镀的牢固,刷镀速度比槽镀快(刷镀的镀液中离子浓度高),镀层厚薄可控性强。

因工件与镀笔之间有相对运动,故一般都需人工操作,很难实现高效率的大批量、自动化生产。

(3) 刷镀技术主要的应用范围。

修复零件磨损表面,恢复尺寸和几何形状,实施超差品补救。例如,各种轴、轴瓦、套类零件磨损后,以及加工中尺寸超差报废时,可用表面涂镀以恢复尺寸。

填补零件表面上的划伤、凹坑、斑蚀、孔洞等缺陷,如机床导轨、活塞液压缸、印制电路板的修补。

大型、复杂、单个小批工件的表面局部镀镍、铜、锌、镉、钨、金、银等防腐层、耐腐层等,改善表面性能。例如,各类塑料模具表面涂镀镍层后,很易抛光至 $Ra0.1\mu m$ 甚至更小的表面粗糙度。

刷镀加工技术有很大的实用意义和经济效益,被列为国家重点推广项目之一。

(4) 刷镀的基本设备。

刷镀设备主要包括电源、镀笔、镀液及泵、回转台等。

① 电源。

刷镀所用直流电源基本上与电解、电镀、电解磨削的相似,电压为 $3\sim30V$ 无级可调,电流为 $30\sim100A$,视所需功率而定。刷镀电源的特殊要求是:

应附有安培小时计,自动记录涂镀过程中消耗的电荷量,并用数码管显示出来,它与镀层厚度成正比,当达到预定尺寸时能自动报警,以控制镀层厚度。

输出的直流应能很方便地改变极性,以便在刷镀前对工件表面进行反接电解处理。

电源中应有短路快速切断保护和过载保护功能,以防止涂镀过程中镀笔与工件偶尔短路,避免工件损伤。

② 镀笔。

镀笔由手柄和阳极两部分组成。阳极采用不溶性的石墨块制成,在石墨块外面需包裹上一层脱脂棉和一层耐磨的涤棉套。棉花的作用是饱吸储存镀液,并防止阳极与工件直接接触短路和防止、滤除阳极上脱落的石墨微粒进入镀液。

③ 镀液。

刷镀用的镀液,根据所镀金属和用途不同有很多种,比槽镀用的镀液有较高的离子质量浓度,由金属络合物水溶液及少量添加剂组成。配方不公开,一般可向专业厂家或研究所订购,很少自行配制。为了对被镀表面进行预处理(电解净化、活化),镀液中还包括电净液和活化液等。表 3-2 为常用镀液的性能。

表 3-2　常用镀液的性能及用途

序号	镀液名称	酸碱度(pH 值)	镀液特性
1	电净液	11	主要用于清除零件表面的污油杂质及轻微去锈
2	零号电净液	10	主要用于去除组织比较疏松材料的表面油污
3	1 号活化液	2	除去零件表面的氧化膜,对于高碳钢、高合金钢铸件有去碳作用
4	2 号活化液	2	具有较强的腐蚀能力,除去零件表面的氧化膜,在中碳、高碳、中碳合金钢上起去碳作用
5	3 号活化液	4	主要除去其他活化液活化零件表面后残余的炭黑,也可用于铜表面的活化
6	4 号活化液	2	用于去除零件表面疲劳层、毛刺和氧化层并使之活化
7	铬活化液	2	除去旧铬层上的疲劳氧化层
8	特殊镍	2	作为底层镀镍溶液,并且有再次清洗活化零件的作用,镀层厚度为 0.001～0.002mm
9	快速镍	碱(中)性 7.5	此镀液沉积速度快,在修复大尺寸磨损的工作时,可作为复合镀层,在组织疏松的零件上还可用作底层,并可修复各种耐热、耐磨的零件
10	镍-钨合金	2.5	可作为耐磨零件的工作层
11	低应力镍	3.5	镀层组织细密,具有较大的压应力,用作保护性的镀层或者夹心镀层
12	半光亮镍	3	增加表面的光亮度。承受各种受磨损和热的零件。有好的抗磨和抗腐蚀性
13	高堆积碱铜	9	镀液沉积速度快,用于修复磨损量大的零件,还可作为复合镀层,对钢、铁均无腐蚀
14	锌	7.5	用于表面防腐
15	钴	1.5	具有光亮性并有导电和磁化性能
16	高速钢	1.5	沉积速度快,修补不承受过分磨损和热的零件,填补凹坑。对钢、铁件有侵蚀作用
17	半光亮钢	1	提高工作表面光亮度

　　小型零件表面和不规则工件表面涂镀时,用镀笔蘸浸镀液即可;对大型表面和回转体工件表面刷镀时,最好用小型离心泵把镀液浇注到镀笔和工件之间。

　　④ 回转台。

　　回转台用以刷镀回转体工件表面。若用旧车床改装,需增加电刷等导电动机构。

　　(5) 刷镀加工的工艺过程及要点。

　　① 表面预加工。

去除表面上的毛刺、不平、锥度及疲劳层,使之达到基本光整,表面粗糙度值达Ra2.5μm甚至更小。对深的划伤和腐蚀斑坑要用锉刀、磨条、油石等修形,使其露出基体金属。

② 清洗除油、除锈。

锈蚀严重的可用喷砂、砂布打磨,油污用汽油、丙酮或水基清洗剂清洗。

③ 电净处理。

大多数金属都需用电净液对工件表面进行电净处理,以进一步除去微观上的油污。被镀表面的相邻部位也要认真清洗。

④ 活化处理。

活化处理用以除去工件表面的氧化膜、钝化膜或析出的碳元素微粒黑膜。活化良好的标志是工件表面呈现均匀银灰色,无花斑。活化后用水冲洗。

⑤ 镀底层。

为了提高工作镀层与基体金属的结合强度,工件表面经仔细电净、活化后需先用特殊镍、碱铜或低氢脆镉镀液预镀一薄层底层,厚度为 0.001~0.002mm。

⑥ 镀尺寸镀层和工作镀层。

由于单一金属的镀层随厚度的增加内应力也增大,晶粒变粗,强度降低,过厚时将起裂纹或自然脱落。一般单一镀层不能超过 0.03~0.05mm 的安全厚度,快速镍和高速铜不能超过 0.3~0.5mm。如果待镀工件的磨损量较大,则需先涂镀"尺寸镀层"来增加尺寸,甚至用不同镀层交替叠加,最后才镀一层满足工件表面要求的工作镀层。

⑦ 镀后清洗。

用自来水彻底清洗冲刷已镀表面和邻近部位,用压缩空气或用热风机吹干,并涂上防锈油或防锈液。

⑧ 刷镀加工应用实例。

机床导轨划伤的典型修复工艺如下:

整形。用刮刀、组锉、油石等工具把伤痕扩大整形,使划痕侧面底部露出金属本体,能与镀笔、镀液充分接触。

涂保护漆。对镀液能流淌到的不需涂镀的其他表面,需涂上绝缘清漆,以防产生不必要的电化学反应。

除油。对待镀表面及相邻部位,用丙酮或汽油清洗除油。

对待镀表面两侧的保护。用涤纶透明绝缘胶纸贴在划伤沟痕的两侧。

对待镀表面净化和活化处理。电净时工件接负极,电压 12V,约 30s;活化时用 2 号活化液,工件接正极,电压 12V,时间要短,清水冲洗后表面呈灰黑色,再用 3 号活化液活化,炭黑即去除,表面呈现出银灰色,清水冲洗后立即起镀。

镀底层。用非酸性的快速镍镀底层,电压 10V,清水冲洗,检查底层与铸铁基体的结合情况及是否已将要镀的部位全部覆盖。

镀高速碱铜作为尺寸层。电压为 8V,沟痕较浅的可一次镀成,较深的则需用砂皮或细油石打磨掉高出的镀层,再经电净、清水冲洗,再继续镀碱铜,这样反复多次。

修平。当沟痕镀满后,用油石等机械方法修平。如有必要,可再镀上 2～5μm 的快速镍层。

⑨ 复合镀加工。

复合镀的原理与分类如下:

复合镀是在金属工件表面镀金属镍或钴的同时,将磨料作为镀层的一部分也一起镀到工件表面上去,故称为复合镀。依据镀层内磨料尺寸的不同,复合镀层的功用也不同,一般可分为以下两类。

a. 作为耐磨层的复合镀。

磨料为微粉级,电镀时,随着镀液中的金属离子镀到金属工件表面的同时,镀液中带有极性的微粉级磨料与金属离子络合成离子团也镀到工件表面。这样,在整个镀层内将均匀分布有许多微粉级的硬点,使整个镀层的耐磨性增加几倍。它一般用于高耐磨零件的表面处理。

b. 制造切削工具的复合镀或镶嵌镀。

磨料为人造金刚石(或立方氮化硼),粒度一般为 80 号 ～ 250 号。电镀时,控制镀层的厚度稍大于磨料尺寸的一半左右,使镀层表面镶嵌一层磨料,形成一层切削刃,用以对其他材料进行加工。

⑩ 电镀金刚石(立方氮化硼)工具的工艺与应用。

a. 套料刀具及小孔加工刀具。

制造电镀金刚石套料刀具时,先将已加工好的管状套料刀具毛坯插入人造金刚石磨料中,把不需复合镀的刀柄部分绝缘。然后将含镍离子的镀液倒入磨料中,并在欲镀刀具毛坯外再加一环形镍阳极,而刀具毛坯接阴极。通电后,刀具毛坯内外圆、端面将镀上一层镍,而紧挨刀具毛坯表面的磨料也被镀层包覆,成为一把管状的电镀金刚石套料刀具,可用在玻璃、石英上钻孔或套料加工(钻较大的孔)。

如果将管状刀具毛坯换成直径很小(大于 φ0.5mm)的细长轴,则可在细长轴表面镀上金刚石磨料,成为小孔加工刀具,如牙科钻。

b. 平面加工刀具。

将刀具毛坯置于镀液中并接电源阴极,然后通过镀液在刀具毛坯平面上均匀撒布一层人造金刚石磨料,并镀上一层镍,使磨料包覆在刀具毛坯表面形成切削刃。此法也可制造锥角较大,近似平面的刀具,如用此法制造电镀金刚石气门铰刀,用以修配汽车发动机缸体上的气门座锥面,比用高速钢气门座铰刀加工的生产率提高近 3 倍;同样可用于制造金刚石小锯片,只需将锯片不需镀层的地方绝缘,而在最外圆和两侧面上用镍镶嵌镀上一薄层聚晶金刚石或立方氮化硼磨料。

思 考 题

1. 什么是电化学加工,电化学加工分为哪几类?
2. 简述电解加工的原理。
3. 电解加工有何特点?
4. 电解加工设备主要由哪些部分组成,各有哪些功能?
5. 影响电解加工生产率的因素有哪些,有什么影响?
6. 影响电解加工复制精度的因素有哪些,有什么影响?
7. 影响电解加工重复精度的因素有哪些,有什么影响?
8. 提高电解加工精度的途径有哪些?
9. 影响电解加工表面质量的因素有哪些,有什么影响?
10. 简述电铸加工的原理、特点及应用。
11. 简述涂镀加工的原理、特点及应用。
12. 什么是复合镀,复合镀有哪些应用?

第4章 激光加工

激光加工是一种重要的高能束加工方法,它是利用高能激光束的光热效应来进行加工的。激光是 20 世纪 60 年代发展起来的一项重大科技成果,它的出现深化了人们对光的认识,扩展了光为人类服务的领域。

激光加工是利用光的能量经过透镜聚焦后在焦点上达到很高的能量密度,靠光热效应来加工各种材料的。人们曾用透镜将太阳光聚焦,使纸张、木材引燃,但无法用作材料加工。这是因为:①地面上太阳光的能量密度不高;②太阳光不是单色光,而是红、橙、黄、绿、青、蓝、紫等多种不同波长的多色光,聚焦后焦点并不在同一平面内。

只有激光是可控的单色光,强度高,能量密度大,可以在空气介质中高速加工各种材料。目前,激光加工已较为广泛地应用于切割、打孔、焊接、表面处理、切削加工、快速成形、电阻微调、基板划片和半导体处理等领域中。

4.1 激光加工的原理及特点

4.1.1 激光加工原理

激光是一种经受激辐射产生的加强光,它具有高亮度、高方向性、高单色性和高相干性四大综合性能。通过光学系统聚焦后可得到柱状或带状光束,而且光束的粗细可根据加工需要调整,当激光照射在工件的加工部位时,工件材料迅速被熔化甚至气化。随着激光能量的不断被吸收,材料凹坑内的金属蒸气迅速膨胀,压力突然增大,熔融物爆炸式地高速喷射出来,在工件内部形成方向性很强的冲击波。因此,激光加工是工件在光热效应下产生高温熔融和受冲击波抛出的综合作用过程。

激光加工器一般分为固体激光器和二氧化碳气体激光器,图 4-1 是固体激光器工作原理图。

当激光工作物质钇铝石榴石受到光泵(激励脉冲氙灯)的激发后,吸收具有特定波长的光,在一定条件下可导致工作物质中的亚稳态粒子数大于低能级粒子数,这种现象称为粒子数反转。此时一旦有少量激发粒子产生受激辐射跃迁,就会造成光放大,再通过谐振腔内的全反射镜和部分反射镜的反馈作用产生振荡,最后由谐振腔的一端输出激光。激光通过透镜聚焦形成高能光束照射在工件表面上,即可进行加工。固体激光器中常用的工作物质除钇铝石榴石外,还有红宝石和钕玻璃等材料。

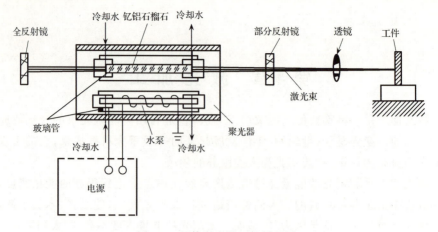

图 4-1　固体激光器工件原理图

4.1.2　激光加工的特点

激光加工具有如下特点：

（1）激光加工属高能束流加工，功率密度可高达 $10^8 \sim 10^{10}$ W/cm²，几乎可以加工任何金属材料和非金属材料；

（2）激光加工无明显机械力，不存在工具损耗，加工速度快，热影响区小，易实现加工过程自动化；

（3）激光可通过玻璃等透明材料进行加工，如对真空管内部的器件进行焊接等；

（4）激光可以通过聚焦形成微米级的光斑，输出功率的大小又可以调节，因此可进行精密微细加工；

（5）可以达到 0.01mm 的平均加工精度和 0.001mm 的最高加工精度，表面粗糙度值可达 $0.4 \sim 0.1 \mu m$。

4.2　激光加工的基本设备及其组成部分

激光加工的基本设备由激光器、激光器电源、光学系统及机械系统等四大部分组成，加工装置结构框图如图 4-2 所示。

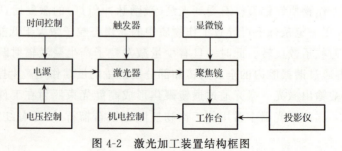

图 4-2　激光加工装置结构框图

4.2.1　激光器

激光器是激光加工的重要设备,它的任务是把电能转变成光能,产生所需要的激光束。激光器按工作物质的种类可分为固体激光器、气体激光器、液体激光器及半导体激光器四大类。图 4-1 是固体激光器结构示意图,它包括工作物质、水泵、玻璃套管、滤光液和冷却水、聚光器及谐振腔等。由于 He-Ne(氦-氖)气体激光器所产生的激光不仅容易控制,而且方向性、单色性及相干性都比较好,因而在机械制造的精密测量中被广泛采用。而激光加工则要求输出功率与能量大,目前多采用二氧化碳气体激光器及红宝石、钕玻璃、YAG(掺钕钇铝石榴石)等固体激光器。

4.2.2　激光器电源

激光器电源根据加工工艺的要求,为激光器提供所需要的能量,它包括电压控制、储能电容组、时间控制及触发器等。由于各类激光器的工作特点不同,因此对它们的供电电源要求也不同。例如,固体激光器电源有连续的和脉冲的两种,气体激光器电源有直流、射频、微波、电容器放电以及这些方法的联合使用等。

4.2.3　光学系统

光学系统将光束聚焦并观察和调整焦点位置,包括显微镜瞄准、激光束聚焦及加工位置在投影仪上显示等。

聚焦是为了把激光束聚焦在加工工件上,以便获得高密度的能量。为了获得良好的聚焦效,而聚焦物镜的焦距不宜太大,生产实践中一般取 $f=20\sim30\text{mm}$,而聚焦物镜的大小(即直径 D)约为焦距 f 的三分之一。

显微镜瞄准系统的作用,不仅是观察工件加工后的情况,更重要的是对加工位置进行瞄准,使激光束的焦点准确无误地落在加工位置上。投影仪也称投影屏,目的是把工件背面情况显像在投影仪上,有利于直观地定位和检查工件被打穿后背面的情况。一般的设计结构是在台面玻璃底板下装一个碘钨灯,利用碘钨灯发出的光线经过一套光学镜片投影在台面玻璃的工件上,把工件背面照亮。从工件背面反射回来的光线再经过一套光学镜片至投影屏,毛玻璃上就显示出放大了几倍至几十倍的工件背面情况。为此,工件背面必须是有一定反光率的表面,否则将是漆黑一片,看不出图像。

4.2.4　机械系统

机械系统主要包括床身和能够在三坐标范围内移动的工作台及机电控制系统等。随着电子技术的发展,许多已采用数字计算机来控制工作台的移动,实现激光加工的连续工作。光束运动的调节和工作台上工件运动的轨迹都是靠数控系统控制的。所以加工机床必须有良好的数控系统和可靠的检测、反馈系统,特别精密的加工机床更是这样。在一般的切割或焊接加工中,只需根据加工要求,按程序控制激光的能量(或功率)及波形来完成加工任务,而不需测量、反馈信息。

激光加工设备除了上述基本组成部分外,为有助于排除加工产物,提高加工速度和质量,激光加工机床上都设计有同轴吹气或吸气装置,安装在激光输出的聚焦物镜下,以减少蚀除物的黏附,有利于保持工件表面及聚焦物镜的清洁,特别是聚焦物镜片上如果粘有脏物时,容易烧毁镜片。通常使用的保护气体有压缩空气、氧气、氮气和氩气等。

4.3　激光加工的应用

激光加工的应用范围很广泛,除可进行打孔、切割、焊接、材料表面处理、雕刻及微细加工外,还可进行打标以及对电阻和动平衡进行微调等。下面介绍几种常用的激光加工实例。

4.3.1　激光打孔

激光打孔的功率密度一般为 $10^8 \sim 10^{10}$ W/cm^2。它主要应用于在特殊零件或特殊材料上加工孔,如火箭发动机和柴油机的喷油嘴、化学纤维的喷丝板、钟表上的宝石轴承和聚晶金刚石拉丝模等零件上的微细孔加工。激光打孔的效率很高,如直径为 0.12~0.18mm、深度为 0.6~1.2mm 的宝石轴承孔,若工件自动传送,每分钟可加工数十件。在聚晶金刚石拉丝模坯料的中央加工直径为 0.04mm 的小孔,仅需十几秒钟。

激光打孔具有以下特点:

(1) 几乎能在所有的材料上打孔,特别在加工硬、脆、软和高强度等难加工材料上的微小孔、复合材料上的深小孔、与工件表面呈各种角度(15°~90°)的小孔以及薄壁零件上的微小孔等方面,更显出其优越性。

(2) 能加工小至几微米的小孔,而一般机械加工钻孔只能加工直径大于几十微米的孔。深径比可达 80∶1。

(3) 加工效率高,是电火花打孔的 12~15 倍,是机械钻孔的 200 倍。

(4) 可加工各种异型孔。

激光打孔主要用于小孔、窄缝的微细加工。目前已应用于火箭发动机和柴油机的燃料喷嘴、飞机机翼、航空发动机燃烧室、涡轮叶片、化学纤维喷丝板、宝石轴承、印刷电路板、过滤器、金刚石拉丝模、硬质合金、不锈钢等金属和非金属材料小孔的加工。另外,已成功地用于集成电路陶瓷衬套和手术针的小孔加工。

4.3.2　激光切割

激光切割的功率密度一般为 $10^5 \sim 10^7$ W/cm^2。它既可以切割金属材料,也可以切割非金属材料,还可以透过玻璃切割真空管内的灯丝,这是任何其他加工方法难以实现的。固体激光器(YAG)输出的脉冲式激光常用于半导体硅片的切割和化学纤维喷丝头异型孔的加工等。而大功率的CO_2气体激光器输出的连续激光不但广泛用于切割钢板、钛板、石英和陶瓷,而且用于切割塑料、木材、纸张和布匹等。图4-3所示为CO_2气体激光器切割钛合金板材示意图。

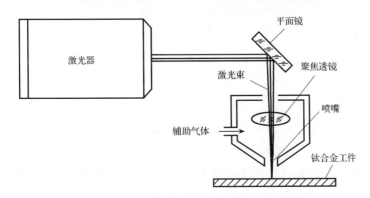

图 4-3　CO_2气体激光器切割钛合金板材示意图

与传统切割方法相比,激光切割具有下列特性:

(1) 激光束聚焦后功率密度高,能够切割任何难加工的高熔点材料、耐高温材料和硬脆材料等。

(2) 割缝窄,一般为 0.1~1mm,割缝质量好,切口边缘平滑,无塌边,无切割残渣。对轮廓复杂和小曲率半径等外形均能达到微米级精度的切割,并可以节省材料 15%~30%。

(3) 非接触切割,被切割工件不受机械作用力,变形极小。它适宜于切割玻璃、陶瓷和半导体等硬脆材料及蜂窝结构和薄板等刚性差的零件。

(4) 切割速度高,一般可达 2~4m/min。

(5) 切割的深宽比大,对于金属可达 30 左右,对于非金属一般可达 100 以上。

激光切割在机械加工业、五金业及电子工业中已获得了广泛的应用。图 4-4 为激光切割产品实例。

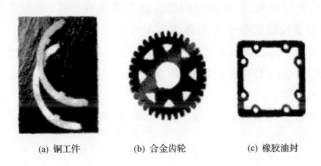

(a) 铜工件　　　　(b) 合金齿轮　　　　(c) 橡胶油封

(d) 木制美术字 (e) 电子元件

图 4-4 激光切割产品实例

4.3.3 激光焊接

当激光的功率密度为 $10^5 \sim 10^7 \, W/cm^2$，照射时间为 $1/100s$ 左右时，可进行激光焊接。激光焊接一般无需焊料和焊剂，只需将工件的加工区域"热熔"在一起即可，如图 4-5 所示。这种方法焊接过程迅速，热影响区小，焊接质量高，既可焊接同种材料，也可焊接异种材料，还可透过玻璃进行焊接。

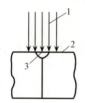

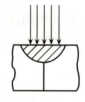

图 4-5 激光焊接过程示意图

1-激光；2-被焊接零件；3-被熔化金属；4-已冷却的熔池

激光焊接具有以下特点：

(1) 激光能量密度高，这对高熔点、高热导率材料的焊接特别有利。不仅能焊接同种材料，还能焊接不同的材料，甚至可以焊接金属与非金属材料。

(2) 焊缝深宽比大，比能小，热影响区小，焊件变形小，故特别适于精密、热敏感部件的焊接，常可以免去焊后矫形、加工工艺。

(3) 具有熔化净化效应，能纯净焊缝金属。既没有焊渣，也不需去除工件的氧化膜。焊缝的力学性能在各个方面都相当于或优于母材。

(4) 一般不加填充金属。如用惰性气体充分保护，则焊缝不受大气污染。

(5) 激光可透过透明体进行焊接，以防止杂质污染和腐蚀，适宜于精密仪表和真空仪器元件的焊接。

激光焊接在航空航天、汽车工业、电子和微电子工业中获得了广泛的应用，如表 4-1 所示。

表 4-1　激光焊接的应用

行　　业	应用实例
航空航天工业	涡轮发动机叶片、火箭壳体的加强筋、导弹发射架、仪器壳体等零部件,储存高压气体的铝制和钛制容器、继电器
汽车工业	齿轮箱、汽车底盘、车轮钢圈
电子和微电子工业	仪表和电器,如仪表壳体、显像管、微电动机齿轮轴、微型接插件、测量仪器的弹簧、军用锂电池、微型雷管和热敏元件等

4.3.4　激光表面处理

当激光的功率密度为 $10^3 \sim 10^5 \, \text{W/cm}^2$ 时,便可实现对铸铁、中碳钢甚至低碳钢等材料进行表面淬火。淬火层深度一般为 $0.7 \sim 1.1 \text{mm}$,淬火层硬度比常规淬火约高 20%。激光淬火变形小,还能解决低碳钢的表面淬火强化问题。图 4-6 为激光表面淬火处理应用实例。

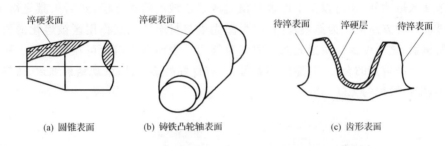

| (a) 圆锥表面 | (b) 铸铁凸轮轴表面 | (c) 齿形表面 |

图 4-6　激光表面淬火处理应用实例

对激光淬火能获得超高硬度的机理,一般认为是由于激光淬火是骤冷骤热过程,碳在奥氏体中来不及均匀化,因而马氏体中碳含量较高,同时在激光淬火过程中碳扩散不均匀,可获得更细的马氏体,致使硬度升高。最明显的例证是 10 号低碳钢激光淬火,其表层硬度可达 HV700,而常规淬火的低碳马氏体硬度只有 HV380。研究 Cr12 钢激光淬火时发现,该材料原始组织的晶粒度为 12 级,而激光表面淬火硬化后为 15 级,晶粒明显细化。此外,在研究 GCr15 钢时发现,经激光处理过的 GCr15 钢中的位错密度很高,而在残余奥氏体中也有同样的位错密度。由于马氏体本身硬度增高、马氏体细化和具有很高的位错密度,因此,激光表面淬火能得到超高硬度。

激光不仅可用作单一的表面淬火处理,而且可对工件表面进行复合处理,这就是激光表面合金化和表面激光熔覆工艺。

激光表面合金化如图 4-7 所示,在工件基体的表面采用沉积法预先涂一层合金,然后用激光束照射涂层表面。当激光转化为热量后,合金层和基体薄层被熔化,使基体与合金混合而形成合金。采用这种工艺方法能使贵重金属(如铬、钴和镍等)熔入低级而廉价的钢表面。表面合金化与整体合金化相比,能节约大量贵重金属。

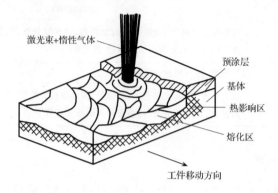

图 4-7　激光表面合金化示意图

　　表面激光熔覆如图 4-8 所示,当激光对工件表面进行处理时,用气动喷注法把粉末注入熔池中,连同工件表层一起熔化形成表面熔覆层。除了用气动喷注法把粉末注入熔池外,还可以在工件表面预先放置松散的粉末涂层,然后用激光熔化。不过前一种方法被认为能效较高,因为激光束与材料的相互作用区被熔化的粉末层所覆盖,这样可提高对激光能量的吸收能力。表面激光熔覆可在低熔点工件上熔覆一层高熔点的合金,并能局部熔覆,具有良好的接触性;微观结构细致,热影响区小,熔覆层均匀无缺陷。

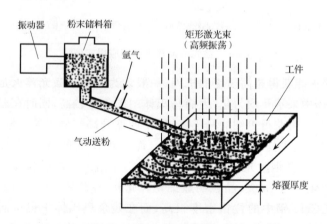

图 4-8　激光表面熔覆示意图

4.3.5　激光标刻

1. 概述

激光标刻设备是激光束通过由计算机控制的振镜反射偏转,经 F-θ 透镜聚焦到工件表面,形成高功率密度光斑(约 $10^6 \, W/mm^2$)使工件表面瞬间气化,从而刻蚀出一定深度的图案文字。

　　激光打标设备的核心是激光打标控制系统和激光打标头。实习所使用的激光打标机如图 4-9 所示,它采用计算机直接控制,使用振镜式激光打标头(振镜式扫描系统)。如图 4-10 所示,振镜扫描式打标头主要由 X、Y 扫描镜、场镜、振镜及计算机控制的打标软件等构成。其工作原理是将激光束入射到两反射镜(扫描镜)上,用计算机控制反射镜的反射角度,这两个反射镜可分别沿 X、Y 轴扫描,从而达到激光束的偏转,使具有一定功率密度的激光聚焦点在打标材料上按所需的要求运动,从而在材料表面上留下永久的标记,聚焦的光斑可以是圆形或矩形。

图 4-9　激光打标机

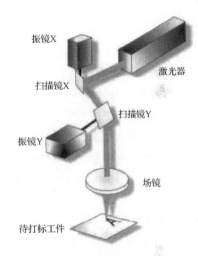

图 4-10　激光标刻原理

　　在振镜扫描系统中,采用矢量化的图形及文字,具有作图效率高、图形精度好、无失真等特点,极大地提高了激光打标的质量和速度。同时振镜式打标也可采用点阵式打标方式,采用这种方式对于在线打标很适用,根据不同速度的生产线可以采用一个扫描振镜或两个扫描振镜,与前面所述的阵列式打标相比,可以标记更多的点阵信息,对于标记汉字字符具有更大的优势。

　　振镜扫描式打标因其应用范围广,可进行矢量打标和点阵打标,标记范围可调,而且具有响应速度快、打标速度高(每秒钟可打标几百个字符)、打标质量较高、光路密封性能好、对环境适应性强等优势已成为主流产品,并被认为代表了未来激光打标的发展方向,具有广阔的应用前景。

　　典型雕刻作品示例如图 4-11 所示。

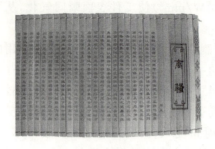

(a) 加工在竹材上　　　　　　　　　　(b) 加工在不锈钢拉丝板上

图 4-11　雕刻作品示例

2. 操作步骤

(1) 首先在机房的计算机上,使用 AutoCAD 或天喻 CAD 软件,绘制要打标的图形,并使用优盘保存,以备拷入激光打标机上的计算机,也可在激光打标机开启之后,在其控制计算机上使用打标软件绘制。

(2) 开机前的检查。

开机前请确认电源连接正常、水箱已经装满水,没有接口漏水现象。

水箱延时继电器顺时针调到 3min 位置。

可利用执行开机顺序 1、2 后等待,水箱应自动启动,运行 5min,检查有无漏水情况。

(3) 开机顺序。

① 打开空气开关(计算机、显示器电源启动);

② 顺时针方向旋转钥匙开关右方向(水箱启动);

③ 打开激光电源单元空气开关;

④ 确认激光电源单元面板显示电流"7.0A",若不是,则转动电位器调整到 7.0A;

⑤ 等待"ready"信号灯亮后,再按下"RUN"绿按键,等待激光电源单元面板显示"7.0-0.00-7.0";

⑥ 打开声光电源的电源开关;

⑦ 按下振镜电源按键;

⑧ 打开计算机箱前门,按下计算机开关;

⑨ 运行打标控制软件,直接绘制打标图形,或调用前面绘好的图形,该打标软件的使用类似于一般的数控雕刻软件,其具体使用见《激光打标机使用手册》,或实习指导人员现场发放的指导说明书。

安全操作注意事项:

(1) 一定要在指导人员在场时,才能开动激光打标机。

（2）切勿将手、头伸入激光头下,这将导致严重的人身伤害。

（3）在装夹工件的时候,一定要确信激光已经关闭。

（4）确保人员安全的情况下,再打开激光,并执行雕刻程序。

（5）勿在设备周边打闹,一个小组的同学应互相照应。

第5章 电子束加工技术和离子束加工技术

电子束加工技术(electron beam machining,EBM)和离子束加工(ion beam machining,IBM)是近年来得到较大发展的新兴特种加工技术。它们在精密微细加工方面,尤其是在微电子学领域中得到较多的应用。电子束加工主要用于打孔、焊接等精加工和电子束光刻化学加工。离子束加工则主要用于离子刻蚀、离子镀膜和离子注入等加工。近期发展起来的亚微米加工和纳米加工等微细加工技术,主要是采用电子束加工和离子束加工。

5.1 电子束加工的原理、特点和装置

5.1.1 电子束加工的原理

如图 5-1 所示,电子束加工是在真空条件下,利用聚焦后能量密度极高($10^6 \sim 10^9$ W/cm²)的电子束,以极高的速度冲击到工件表面极小面积上,在极短的时间(几分之一微秒)内,其能量的大部分转变为热能,使被冲击部分的工件材料达到几千摄氏度以上的高温,从而引起材料的局部熔化和气化,被真空系统抽走。控制电子束能量密度的大小和能量注入时间,就可以达到不同的加工目的。例如,只使材料局部加热就可进行电子束热处理;使材料局部熔化就可进行电子束焊接;提高电子束能量密度,使材料熔化和气化,就可进行打孔、切割等加工;利用较低能量密度的电子束轰击高分子材料时产生化学变化的原理,即可进行电子束光刻加工。

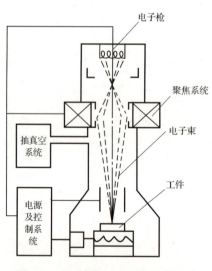

图 5-1 电子束加工原理及设备组成

5.1.2 电子束加工的特点

(1) 由于电子束能够极其微细地聚焦,焦点直径甚至能聚焦到 $0.1\mu m$,所以加工面积可以很小,是一种精密能聚焦到微细的加工方法。

（2）电子束能量密度很高,使照射部分的温度超过材料的熔化和气化温度,去除材料主要靠瞬时蒸发,是一种非接触式加工。工件不受机械力作用,不产生宏观应力和变形。加工材料范围很广,对脆性、韧性、导体、非导体及半导体材料都可加工。

（3）电子束的能量密度高,因而加工生产率很高。例如,每秒钟可以在 2.5mm 厚的钢板上打 50 个直径为 0.4mm 的孔。

（4）可以通过磁场或电场对电子束的强度、位置、聚焦等进行直接控制,所以整个加工过程便于实现自动化。特别是在电子束曝光中,从加工位置找准到加工图形的扫描,都可实现自动化。在电子束打孔和切割时,可以通过电气控制加工异型孔,实现曲面弧形切割等。

（5）由于电子束加工是在真空中进行的,因而污染少,加工表面不氧化,特别适用于加工易氧化的金属及合金材料,以及纯度要求极高的半导体材料。

（6）电子束加工需要一整套专用设备和真空系统,价格较高,生产应用有一定局限性。

5.1.3　电子束加工装置

电子束加工装置的基本结构如图 5-1 所示,它主要由电子枪、真空系统、控制系统和电源等部分组成。

1）电子枪

电子枪是获得电子束的装置。阴极经电流加热发射电子,带负电荷的电子高速飞向带高电位的阳极,在飞向阳极的过程中,经过加速电极加速,又通过电磁透镜把电子束聚焦成很小的束斑。

2）真空系统

只有在高真空中,电子才能高速运动,此外,加工时的金属蒸气会影响电子发射,产生不稳定现象。因此,需要不断地把加工中产生的金属蒸气抽出去。

抽真空时,先用继续旋转泵把真空抽至 1.4～0.14Pa,然后由油扩散泵或涡轮分子泵抽至 0.014～0.00014Pa 的高真空度。

3）控制系统和电源

电子束加工装置的控制系统包括束流聚焦控制、束流位置控制、束流强度控制以及工作台位移控制等。

工作台位移控制是为了在加工过程中控制工作台的位置。因为电子束的偏转距离只能在数毫米之内,过大将增加像差和影响线性,因此在大面积加工时需要用伺服电动机控制数控工作台移动并与电子束的偏转相配合。

5.2 电子束加工的应用

电子束加工按其功率密度和能量注入时间的不同,可用于打孔、切割、蚀刻、焊接、热处理和光刻加工等。

5.2.1 高速打孔

电子束打孔已在生产中实际应用,目前最小直径可达 0.003mm 左右。例如,喷气发动机套上的冷却孔,机翼吸附屏上的孔,不仅孔的密度可以连续变化,孔数达数百万个,而且有时还可在厚的不锈钢上加工变孔径的孔。高速打孔可在工件运动中进行,如在 0.1m 厚的钢板上加工直径为 0.2mm 的孔,速度为 3000 孔/s。

在人造革、塑料上用电子束打大量微孔,可使其具有如真皮革那样的透气性。现在生产上已出现了专用塑料打孔机,将电子枪发射的片状电子束分成数百条小电子束同时打孔,其速度可达 50000 孔/s,孔径 40~120μm 可调。

5.2.2 加工型孔及特殊表面

图 5-2 为电子束加工的喷丝头异型孔截面的一些实例。出丝口的窄缝宽度为 0.03~0.07mm,长度为 0.80mm,喷丝板厚度为 0.6mm。为了使人造纤维长度具有光泽、松软有弹性、透气性好,喷丝头的异型孔都是特殊形状的。

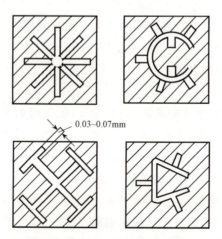

图 5-2 电子束加工的喷丝异型孔

离心过滤机、造纸化工过滤设备中钢板上的小孔为锥孔(上小下大),这样可防止堵塞,并便于反冲清洗。用电子束在 1mm 厚不锈钢板上打 φ0.13mm 的锥孔,每秒可打 20 孔。

燃烧室混气板及某些透平叶片需要大量的不同方向的斜孔,使叶片容易散热,从而提高发动机的输出功率。例如,某种叶片需要打孔 30000 个,使用电子束加工能廉价地实现。燃气轮机上的叶片、混气板和蜂房消声器等三个重要部件已用电子束代替电火花打孔。

5.2.3　刻蚀

在微电子器件生产中,为了制造多层固体组件,可利用电子束对陶瓷或半导体材料刻出许多微细沟槽和孔来,如在硅片上刻出宽 $2.5\mu m$、深 $0.25\mu m$ 的细槽,在混合电路电阻的金属镀层上刻出 $40\mu m$ 的线条。

5.2.4　焊接

电子束焊接是利用电子束作为热源的一种焊接工艺。当高能量密度的电子束轰击焊件表面时,使焊件接头处的金属熔融,形成一个熔融金属的熔池,如果焊件按一定速度沿着焊件接缝与电子束做相对移动,则接缝上的熔池由于电子束的离开而重新凝固,使焊件的整个接缝形成一条焊缝。

由于电子束的能量密度高,焊接速度快,所以电子束焊接的焊缝深而窄,热影响区小,变形小。电子束焊接一般不用焊条,焊接过程在真空中进行,因此焊缝化学成分纯净,焊接接头的强度往往高于母材。

电子束焊接可以焊接难熔金属如钽、铌、钼等,也可焊接钛、锆、铀等化学性能活泼的金属。它可焊接很薄的工件,也可焊接几百毫米厚的工件。

电子束焊接还能完成一般焊接方法难以实现的异种金属焊接,如铜和不锈钢的焊接,钢和硬质合金的焊接,铬、镍和钼的焊接等。

5.2.5　热处理

电子束热处理也是把电子束作为热源,但适当控制电子束的功率密度,使金属表面加热而不熔化,达到热处理的目的。

电子束热处理在真空中进行,可以防止材料氧化。电子束设备的功率可以做得比激光功率大,所以电子束热处理工艺很有发展前途。

5.2.6　光刻

电子束光刻是先利用低功率密度的电子束照射被称为电致抗蚀剂的高分子材料,由入射电子与高分子相碰撞,使分子的链被切断或重新聚合而引起分子量的变化,这一步骤称为电子束曝光。如果按规定图形进行电子束曝光,就会在电致抗蚀剂中留下潜像。然后将它浸入适当的溶剂中,则由于分子量不同而溶解度不一样,就会使潜像显影出来。

由于可见光的波长大于 $0.4\mu m$,故曝光的分辨率较难小于 $1\mu m$,用电子束光刻曝光最佳可由于可见光的波长大于 $0.25\mu m$ 的线条图形分辨率。

电子束曝光可以用电子束扫描,即将聚焦到小于 $1\mu m$ 的电子束斑在 0.5～5mm 按程序扫描,可曝光出任意图形。另一种"面曝光"的方法是使电子束先通过原版,这种原版是用别的方法制成的比加工目标的图形大几倍的模板。再以 $1/10～1/5$ 的比例缩小投影到电子抗蚀剂上进行大规模集成电路图形的曝光,它可以在几毫米见方的硅片上安排 10 万个晶体管或类似的元件。

5.3 离子束加工的原理、分类、特点和装置

5.3.1 离子束加工的原理

离子束加工的原理和电子束加工的原理基本类似,也是在真空条件下,将离子源产生的离子束经过加速聚焦,使之打到工件表面。不同的是离子带正电荷,其质量比电子大数千、数万倍。例如,氩离子的质量是电子的 7.2 万倍,所以一旦离子加速到较高速度时,离子束比电子束具有更大的撞击动能,它是靠微观的机械撞击能量,而不是靠动能转化为热能来加工的。它的物理基础是离子束射到材料表面时所发生的撞击效应、溅射效应和注入效应。具有一定动能的离子斜射到工件材料(靶材)表面时,可以将表面的原子撞击出来,这就是离子的撞击效应和溅射效应。如果将工件直接作为离子轰击的靶材,工件表面就会受到离子刻蚀(也称离子铣削)。如果将工件放置在靶材附近,靶材原子就会溅射到工件表面而被溅射沉积吸附,使工件表面镀上一层靶材原子的薄膜。如果离子能量足够大并垂直于工件表面撞击时,离子就会钻进工件表面,这就是离子的注入效应。

5.3.2 离子束加工分类

离子束加工按照其所利用的物理效应和达到目的的不同可以分为四类,即利用离子撞击和溅射效应的离子刻蚀、离子溅射沉积和离子镀,以及利用注入效应的离子注入。图 5-3 是各类离子加工的示意图。

(1) 离子刻蚀是用能量为 0.5～5keV 的氩离子轰击工件,将工件的表面原子逐个剥离。

如图 5-3(a)所示,其实质是一种原子尺度的切削加工,所以又称离子铣削。这就是近代发展的纳米加工工艺。

(2) 离子溅射沉积也是采用能量为 0.5～5keV 的氩离子,轰击某种材料制成的靶,离子靶材原子击出,沉积在靶材附近的工件上,使工件表面镀上一层薄膜,如图 5-3(b)所示,所以溅射沉积是一种镀膜工艺。

(3) 离子镀也称离子溅射辅助沉积,是用 0.5～5keV 的氩离子同时轰击靶材和工件表面,如图 5-3(c)所示,目的是为了增强膜材与工件基材之间的结合力,也可将靶材高温蒸发,同时进行离子镀。

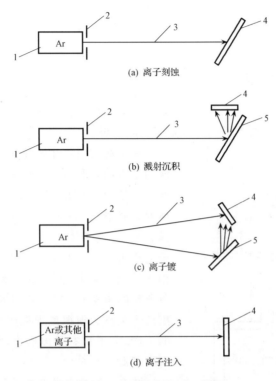

图 5-3　各类离子束加工示意图

1-离子源;2-吸极(吸收电子,引出离子);3-离子束;4-工件;5-靶材

（4）离子注入是采用 5～500keV 能量的离子束,直接轰击被加工材料。由于离子能量相当大,离子就钻进被加工材料的表面层,如图 5-3(d)所示。工件表面层含有注入离子后,改变化学成分,从而改变工件表面层的力学、物理性能。根据不同的目的选用不同的注入离子,如磷、硼、碳、氮等。

5.3.3　离子束加工特点

（1）由于离子束可以通过电子光学系统进行聚焦扫描,离子束轰击材料是逐层去除原子,离子束流密度及离子能量可以精确控制,所以离子刻蚀可以达到纳米级（0.001μm）级的加工精度。离子镀膜可以控制在亚微米级精度,离子注入的深度和浓度也可极精确地控制。可以说,离子束加工是所有特种加工方法中最精密、最微细的加工方法,是当代纳米加工(纳米加工)技术的基础。

（2）由于离子束加工是在高真空中进行的,所以污染少,特别适用于对易氧化的金属、合金材料和高纯度半导体材料的加工。

（3）离子束加工是靠离子轰击材料表面的原子来实现的,它是一种微观作用,宏观压力很小,所以加工应力、热变形等极小,加工质量高,适合于对各种材料和低刚度零件的加工。

（4）离子束加工设备费用高、成本高，加工效率低，因此应用范围受到一定限制。

5.3.4　离子束加工装置

离子束加工装置与电子束加工装置类似，它也包括离子源、真空系统、控制系统和电源等部分。主要的不同部分是离子源系统。

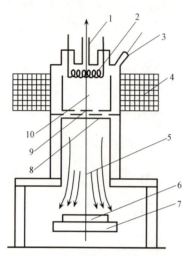

图 5-4　考夫曼型离子源示意图
1-真空抽气口；2-灯丝；3-惰性气体注入口；
4-电磁线圈；5-离子束流；6-工件；7-阴极；
8-引出电极；9-阳极；10-电离室

离子源用以产生离子束流。产生离子束流的基本原理和方法是使原子电离。其具体办法是把要电离的气态原子（如氩等惰性气体或金属蒸气）注入电离室，经高频放电、电弧放电、等离子体放电或电子轰击，使气态原子电离为等离子体（即正离子数和负电子数相等的混合体）。用一个相对于等离子体为负电位的电极（吸极），就可从等离子体中引出离子束流。根据离子束产生的方式和用途的不同，离子源有很多形式，常用的有考夫曼型离子源。

图 5-4 为考夫曼型离子源示意图，它由灼热的灯丝发射电子，在阳极 9 的作用下向下方移动，同时受线圈 4 磁场的偏转作用，做螺旋运动前进。惰性气体氩从注入口 3 注入电离室工件 10，在电子的撞击下被电离成等离子体，阳极 9 和引出电极（吸极）8 上各有 300 个直径为 $\phi0.3mm$ 的小孔，上下位置对齐。在引出电极 8 的作用下，将离子吸出，形成 300 条准直的离子束，再向下则均匀分布在直径为 $\phi50mm$ 的圆面积上。

5.4　离子束加工的应用

离子束加工的应用范围正在日益扩大、不断创新。目前用于改变零件尺寸和表面物理力学性能的离子束加工有：用于从工件上做去除加工的离子刻蚀加工，用于给工件表面添加的离子镀膜加工，用于表面改性的离子注入加工等。

5.4.1　刻蚀加工

离子刻蚀是从工件上去除材料，是一个撞击溅射过程。当离子束轰击工件，入射离子的动量传递到工件表面的原子，传递能量超过了原子间的键合力时，原子就从工件表面撞击溅射出来,达到刻蚀的目的。为了避免入射离子与工件材料发生化学反应,必须用惰性元素的离子。氩气的原子序数高,而且价格便宜,所以通常用氩离子进行轰击刻蚀。由于离子直径很小(约十分之几个纳米),可以认为离子刻蚀的过程是逐个原子剥离的,刻蚀的分辨率可达微米甚至亚微米级,但刻蚀速度很低,剥离速度大约每秒一层到几十层原子。

离子刻蚀用于加工陀螺仪空气轴承和动压马达上的沟槽,分辨率高,精度和加工一致性好。加工非球面透镜能达到其他方法不能达到的精度。

离子束刻蚀应用的另一个方面是刻蚀高精度的图形,如集成电路、声表面波器件、磁泡器件、光电器件和光集成器件等微电子学器件的亚微米图形。

离子束刻蚀还用来致薄材料,用于致薄石英晶体振荡器和压电传感器。致薄探测器探头,可以大大提高其灵敏度,如国内已用离子束加工出厚度为 $40\mu m$ 并且自己支撑的高灵敏探测器头。用于致薄样品,进行表面分析,如用离子束刻蚀可以致薄月球岩石样品,从 $10\mu m$ 致薄到 10nm。能在厚的 Au-Pa 膜上刻出 8nm 的线条来。

5.4.2 镀膜加工

离子镀膜加工有溅射沉积和离子镀两种。离子镀时工件不仅接受靶材溅射来的原子,还同时受到离子的轰击,这使离子镀具有许多独特的优点。

离子镀膜附着力强、膜层不易脱落。这首先是由于镀膜前离子以足够高的动能冲击基体表面,清洗掉表面的油污和氧化物,从而提高了工件表面的附着力。其次是镀膜刚开始时,由工件表面溅射出来的基材原子,有一部分会与工件周围气氛中的原子和离子发生碰撞而返回工件。这些返回工件的原子与镀膜的膜材原子同时到达工件表面,形成了膜材原子和基材原子的共混膜层。最后,随着膜层的增厚,逐渐过渡到单纯由膜材原子构成的膜层。混合过渡层的存在,可以减少由于膜材与基材两者膨胀系数不同而产生的热应力,增强了两者的结合力,使膜层不易脱落,镀层组织致密,针孔气泡少。

离子镀技术已用于镀制润滑膜、耐热膜、耐蚀膜、耐磨膜、装饰膜和电气膜等。例如,在表壳或表带上镀氮化钛膜,这种氮化钛膜呈金黄色,它的反射率与 18 镀膜相近,其耐磨性和耐腐蚀性大大优于镀金膜和不锈钢,价格仅为黄金的 1/60。离子镀饰膜还用于工艺美术品的首饰、景泰蓝等,以及金笔套、餐具等的修饰上,其膜厚仅为 $1.5\sim2\mu m$。

离子镀膜代替镀硬铬,可减少镀铬公害。$2\sim3\mu m$ 厚的氮化钛膜可代替 $20\sim25\mu m$ 的硬铬镀层。航空工业中可采用离子镀铝代替飞机部件镀镉。

用离子镀方法在切削工具表面镀氮化钛、碳化钛等超硬层,可以提高刀具的耐用度。一些试验表明,在高速钢刀具上用离子镀镀氮化钛,刀具耐用度可提高 1~2 倍,也可用于处理齿轮滚刀、铣刀等复杂刀具。

5.4.3　离子注入加工

离子注入加工是向工件表面直接注入离子,它不受热力学限制,可以注入任何离子,且注入量可以精确控制,注入的离子是固溶在工件材料中,含量可达 10%～40%,注入深度可达 $1\mu m$ 甚至更深。

离子注入在半导体方面的应用,在国内外都很普遍。它是用硼、磷等"杂质"离子注入半导体,用以改变导电形式(P 型或 N 型)和制造 PN 结,制造一些通常用热扩散难以获得的各种特殊要求的半导体器件。由于离子注入的数量、注入的区域都可以精确控制,所以其成为制作半导体器件和大面积集成电路的重要手段。

离子注入改善金属表面性能方面的应用正在形成一个新兴的领域。利用离子注入可以改变金属表面的物理、化学性能,制得新的合金,从而改善金属表面的抗蚀性能、抗疲劳性能、润滑性能和耐磨性能等。

如把 Cr 注入 Cu,能得到一种新的亚稳态的表面相,从而改善了耐蚀性能。离子注入还能改善金属材料的抗氧化性能。例如,在低碳钢中注入 N、B、Mo 等,在表面形成硬化层,提高了耐磨性;在纯铁中注入 B,其显微硬度可提高 20%。用 Si 注入 Fe,可形成马氏体结构的强化层。如把 C^+N^+ 注入碳化钨中,在相对摩擦时,这些被注入的细粒起到了润滑作用,其工作寿命可大大延长。

此外,离子注入在光学方面可以制造光波导。例如,对石英玻璃进行离子注入,可增加折射率而形成光波导;还用于改善磁泡材料性能、制造超导性材料,如在铌线表面注入锡,则表面生成具有超导性 Nb_3Sn 层的导线。

离子注入的应用范围在不断扩大,今后将会发现更多的应用领域。

第6章 超声加工

人耳能感受的声波频率在 $16\sim16000\,\mathrm{Hz}$，声波频率超过 $16000\,\mathrm{Hz}$ 被称为超声波。超声加工(ultrasonic machining，USM，即超声波加工)是近几十年发展起来的一种加工方法，它利用工具端面做超声频振动，并通过磨料悬浮液来进行加工。超声加工的应用始于 20 世纪 30 年代，目前主要用于各种硬脆材料的打孔、切割、开槽、套料、雕刻、成批小型零件去毛刺、模具表面抛光、砂轮修整、清洗和焊接等方面。它弥补了电火花加工和电化学加工的不足。电火花加工和电化学加工一般只能加工导电材料，不能加工不导电的非金属材料。而超声加工不仅能加工脆硬金属材料，而且更适合于加工不导电的脆硬非金属材料，如玻璃、陶瓷、半导体锗和硅片等。同时超声波还可用于清洗、焊接和探伤等。

6.1 超声加工的基本原理及特点

1. 超声加工的基本原理

超声加工是利用做超声频小振幅振动的工具，并通过在它与工件之间游离于液体中的磨料对被加工表面的锤击作用，使工件材料表面逐步破碎的加工方法。

超声加工的基本原理如图 6-1 所示。超声发生器 1 产生的超声频振荡通过换能器 2 将高频电振荡转换成 $20\,\mathrm{kHz}$ 以上的超声频纵向振动，并借助于变幅杆 3 把振幅放大到 $0.05\sim0.1\,\mathrm{mm}$，从而使工具 4 的端面做超声频振荡。加工时，在工具 4 和工件 5 之间加入磨料悬浮液 6，当做超声振动的工具迫使磨料悬浮液中悬浮的磨粒以很大的速度和加速度不断地撞击、抛磨被加工表面时，把被加工表面的材料粉碎成很细的微粒，从工件上被打击下来，并被循环流动的磨料悬浮液带走。工具连续进给，加工持续进行，工具的形状便"复印"在工件上，直到达到要求的尺寸。

超声加工时，虽然磨粒每次打击下来的材料很少，但由于每秒钟打击的次数多达 16000 次以上，所以仍有一定的加工速度。同时，工作液受工具端面超声振动作用而产生的高频、交变的液压正负冲击波和"空化"作用，加速了加工过程。由此可见，超声加工是磨粒在超声振动作用下的机械撞击和抛磨作用以及超声空化作用的综合结果，其中磨粒的撞击作用是主要的。

既然超声加工是基于局部撞击作用，因此就不难理解，越是脆硬的材料，受撞击作用遭受的破坏越大，越容易进行超声加工；相反，脆性和硬度不大的韧性材料，由于它的缓冲作用而难以加工。根据这个道理，考虑到加工时工具同样受到磨粒

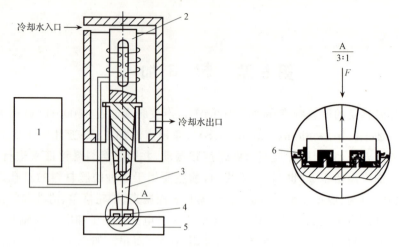

冷却水入口

冷却水出口

图 6-1 超声加工的基本原理
1-超声发生器；2-换能器；3-变幅杆；4-工具；5-工件；6-磨料悬浮液

的撞击作用,所以钢座应选择既能承受磨粒撞击,又不会使自身受到很大破坏的材料做工具。例如,用 45 工具钢即可满足上述要求。

2. 超声加工的特点

超声加工具有以下特点:

(1) 不受材料是否导电的限制。这是超声加工优于电火花加工和电化学加工的地方。

(2) 适合于加工各种硬脆材料,特别是不导电的非金属材料,如玻璃、陶瓷、石英、锗、硅、石墨、玛瑙、宝石、金刚石等。对于导电的硬质金属材料如淬火钢、硬质合金等,也能进行加工,但加工生产率较低。

(3) 可用较软的材料制作工具,并可做成较复杂的形状,故不需要使工具和工件做比较复杂的相对运动,因此超声加工机床的结构比较简单,操作简单,维修方便。

(4) 由于去除加工材料是靠极小的磨料瞬时的局部撞击作用,故工件表面的宏观切削力很小,热影响很小,不会引起变形及烧伤,因而可加工薄壁、窄缝、低刚度零件。表面粗糙度 Ra 可达 $1 \sim 0.1 \mu m$,加工精度可达 $0.01 \sim 0.02 mm$,并可加工细小结构和低刚度的工件。

6.2 超声加工设备及其组成部分

超声加工设备的主要组成部分有超声发生器、超声振动系统(也称为声学部件)、超声加工机床本体、磨料悬浮液和循环系统,以及换能器冷却系统等。

1. 超声发生器

超声发生器作为超声电源,其作用是将工频交流电转变为有一定功率输出的超声频电信号,以提供工具端面往复振动的机械能。超声发生器的功率由数瓦至数千瓦,最大可达 10kW。其基本要求是:输出功率和频率在一定范围内连续可调,最好具有对共振频率自动跟踪和自动微调的功能。此外,还要求结构简单、工作可靠、价格便宜和体积小等。

超声发生器由振荡级、电压放大级、功率放大级及电源组成,其组成框图如图 6-2 所示。振荡级由三极管连接成电感反馈振荡电路,调节电路中的电容器可以改变输出频率。振荡级输出经耦合至电压放大级放大,控制电压放大级的增益可以改变超声发生器的输出功率。放大后的信号经变压器倒相,送到末级功率放大管。功率放大级常用多管并联推挽输出,经输出变压器输出至超声换能器。

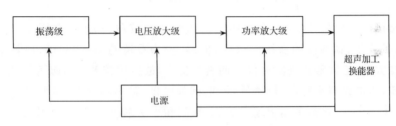

图 6-2　超声发生器的组成框图

超声发生器由于功率不同,有电子管式和晶闸管式,也有晶体管式。大功率的(1kW 以上)往往仍是电子管式的,但近年来逐渐被晶体管式所取代。目前,使用的超声发生器功率为 20～4000W。

2. 超声振动系统

超声振动系统的作用是将超声发生器提供的超声频电信号转变为工具端面的高频小振幅振动进行加工。它是超声波加工机床中最重要的部分,主要包括换能器、变幅杆及工具。

1) 换能器

换能器的功能是将超声发生器提供的高频电能转变为高频率的机械振荡(超声波)。目前实现这种转换的常用方法是利用压电效应和磁致伸缩效应。

(1) 压电效应换能器。

某些晶体在受到机械压缩或拉伸变形时,在其两对面上将产生电压,这种现象称为压电效应,具有压电效应的晶体称为压电晶体。常见的压电晶体有石英(SiO_2)、钛酸钡($BaTiO_3$)、钛酸铅($PbTiO_3$)和锆钛酸铅($PbZrTiO_3$)等。若在压电晶体上沿电轴方向加交变电场,则晶体会沿一定方向变形(伸长或缩短),这种现象叫逆压电效应,也叫电致伸缩现象。压电效应换能器利用了晶体的逆压电效应。如图 6-3 所示,晶片两面镀银做电极,接上脉冲超声频交变电压,则晶片将发生超声频伸缩变形,使周围的介质做超声振动。

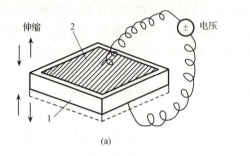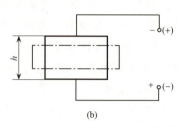

图 6-3　压电效应
1-压电晶体;2-镀银层

在常用的压电晶体中,石英晶体的逆压电效应较弱,3000V 电压才产生小于 0.01μm 的变形;钛酸钡的逆压电效应(伸缩量)为石英的 20～30 倍,但其效率及机械强度太差;锆钛酸铅则具有以上两者的优点,故应用较多。与磁致伸缩效应换能器相比,压电材料来源广,价格低,但机械强度低,输出功率小(≤2.0kW),效率低,易老化。因此,目前多用于超声清洗、探测和小功率超声加工换能器。

(2) 磁致伸缩效应换能器。

除电场外,磁场也会导致物体尺寸的变化。铁磁性物质的长度能随着所处的磁场强度变化而产生伸长或缩短,去掉外磁场后又恢复原来的长度,这种现象称为磁致伸缩效应。磁致伸缩效应换能器利用了铁磁性物质的磁致伸缩效应。如图 6-4 所示,为了减少高频涡流损耗,磁致伸缩效应换能器通常用由纯镍片叠成封闭磁路的镍棒换能器,在两个芯柱上同向绕以线圈,通入高频交流电源产生高频交变磁场使之伸缩变形。

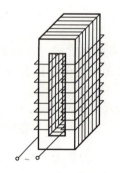

图 6-4　镍片磁致伸缩效应换能器

磁致伸缩效应换能器具有较高的机械强度和较大的输出功率(6～25kW),常用于中、大功率的超声加工。其缺点是涡流发热损失较大,能量转换效率较低,故加工过程中需用风或水冷却。

根据超声波特性理论,为了获得最大的振幅,应使发生器的振动源处于共振状态。对压电效应换能器,应使压电晶体片厚度等于超声波半波长或其整数倍;对磁致伸缩效应换能器,则应使镍棒的长度等于超声波半波长或其整数倍。

2) 变幅杆

超声加工需要的振幅为 0.01～0.1mm,而由换能器产生的机械振荡的振幅是很小的,即使在共振条件下,一般也不超过 0.005～0.01mm,不能直接用于加工。因此,必须将振幅进一步放大,这就要使用变幅杆,也称为振幅扩大棒。变幅杆一般呈上粗下细的变截面形状,如图 6-5 所示,其粗端与换能器相连,细端连接加工工具。

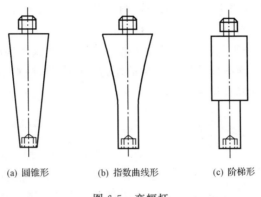

(a) 圆锥形   (b) 指数曲线形   (c) 阶梯形

图 6-5　变幅杆

(1) 变幅杆的变幅原理。

变幅杆扩大振幅的原理是:由于通过变幅杆的每一截面的振动能量是不变的(忽略传播损耗),截面小的地方能量密度变大,而能量密度正比于振幅的平方。因此,截面面积越小,能量密度就越大,振动振幅也就越大。

为了获得较大的振幅,应使变幅杆的固有振动频率和外激振动频率相等,处于共振状态。为此,在设计、制造变幅杆时,应使其长度等于超声振动波的半波长或其整倍数。

(2) 变幅杆的类型。

变幅杆可以制成单一形状的,如圆锥形(图 6-5(a))、指数曲线形(图 6-5(b))、阶梯形(图 6-5(c))和悬链形等;还可以制成复合形状,如圆柱形复合、圆锥形复合、高斯形和傅里叶形等。

圆锥形变幅杆的振幅扩大比为 5～10 倍,且制造方便;指数曲线形变幅杆的振幅扩大比为 10～20 倍,但制造较困难;阶梯形变幅杆的振幅扩大比为 20 倍以上,易于制造,但当它受负载阻力时振幅衰减严重,而且在其台阶处容易因应力集中而发生疲劳断裂。

注意,与低频或工频振动的概念完全不同,超声加工时并不是整个变幅杆和工具都在做上下高频振动,超声波在金属棒(杆)内主要以纵波形式传播,引起杆内各点沿波的前进方向按正弦规律在原地做往复振动,并以声速传导到工具端面,使工具端面做超声波振动。

3) 工具

超声波的机械振动经变幅杆放大后传递给工具,使磨料和工作液以一定的能量冲击工件,加工出需要的尺寸和形状。

工具的形状和尺寸取决于被加工表面的形状和尺寸,它们相差一个"加工间隙",稍大于磨粒的平均直径。当加工表面面积较小或生产数量较少时,工具和扩大棒做成一个整体,否则可将工具用焊接或螺纹连接等方法固定在扩大棒下端。当工具较轻时,可以忽略工具对振动的影响。但当工具较重时,会降低超声振动的共振频率。工具较长时,应对扩大棒进行修正,使其满足半个波长的共振条件。

换能器、变幅杆和工具三者应衔接紧密,否则在超声波传递的过程中将损失很大的能量。在螺纹连接处应涂以凡士林油作为传递介质,绝对不可存在空气间隙,因为超声波通过空气时会很快衰减。

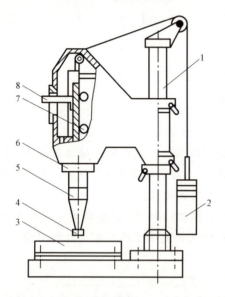

图 6-6　国产 CSJ-2 型超声波加工机床
1-支架;2-平衡重锤;3-工作台;4-工具;5-振幅扩大棒;
6-换能器;7-导轨;8-尺称

3. 超声加工机床本体

普通超声波加工机床的结构比较简单,包括支撑超声振动系统的机架、安装工件的工作台、使工具以一定压力作用在工件上的进给机构及机身等部位,图 6-6 是国产 CSJ-2 型超声波加工机床简图。超声振动系统安装在能上下移动的导轨上。导轨由上、下两组滚动导轮定位,使导轨能灵活精密地上下移动。工具的向下进给以及对工件施加压力靠超声振动系统的自重。为了能调节压力大小,在机床后部可加平衡重锤 2,也可采用弹簧进行平衡。

4. 磨料悬浮液及循环系统

磨料悬浮液由液体(称为工作液)及悬浮于其中的磨料组成,是超声加工中起切削作用的部分。磨料悬浮液的循环流动对生产率和加工质量有较大的影响。

1)磨料

超声加工中常用的磨料有碳化硅、氧化铝、碳化硼和金刚砂等。其中,碳化硅的用途最广;采用氧化铝的问题是磨损快,并很快失去其切割能力,氧化铝对切割玻璃、锗和陶瓷是最好的;碳化硼最适合切割硬质合金、工具钢和贵重的宝石;金刚砂用来切割金刚钻和红宝石,能保证好的精度、表面粗糙度和切削速率。

磨料的粒度在 200#～2000#。磨料的粒度大小对加工生产率和加工精度有较大的影响。颗粒越大,则生产率越高,但加工精度及表面粗糙度则较差;反之则生产率低,但加工精度及表面粗糙度较好。因此,粗加工时应选粗级磨料,而精加工时则应选细级磨料,如粒度$1000^{\#}$的磨料。$1200^{\#}\sim2000^{\#}$的极细级磨料仅用作很精确的最后几道工序。

2) 工作液

工作液的空化作用对超声加工是非常重要的。工作液还起着传递振动、冷却(有效地带走切削区的热量)、输送磨料、清除钝化的磨料和切屑等作用。常用的工作液为水,为了提高表面质量,有时也使用煤油或机油。

3) 循环系统

磨料悬浮液的循环系统起着更新加工区的磨料悬浮液、带走钝化的磨料和切屑及冷却切削区等作用。小型超声加工机床的磨粒悬浮液更换及输送一般都是手工完成的。若用泵供给,则能使磨粒悬浮液在加工区内良好循环。若工具及变幅杆较大,可以在工具与变幅杆中间开孔,从孔中输送悬浮液,以提高加工质量。

6.3 超声加工的主要工艺指标及其提高途径

1. 加工速度及其影响因素

加工速度是指单位时间内去除材料的多少,单位为$g/\min$或$mm^3/\min$。加工玻璃的最大速度可达$2000\sim4000\ mm^3/\min$。

影响加工速度的主要因素有工具振动的振幅和频率、工具对工件施加的静压力(即进给压力)、磨粒悬浮液和工件材料等。

1) 工具振动的振幅和频率对加工速度的影响

一般情况下,加工速度随工具振动振幅和频率的增加而增加。但过大的振幅和过高的频率会使工具和变幅杆承受很大的交变应力,可能超过它的疲劳强度而降低使用寿命,而且在连接处的损耗也增大。因此,在超声加工中,一般控制振幅为$0.01\sim0.01mm$,频率为$16\sim25kHz$。

2) 进给压力对加工速度的影响

超声加工时工具施加在工件上的静压力大小称为进给压力。进给压力有一个最佳值,过大或过小的进给压力都会降低加工速度。若压力过大,则工具端面与工件加工面间隙变小,磨料悬浮液不能顺利更新,加工速度也变慢;若压力过小,则工具端面与工件加工面间隙大,磨料对工件撞击力及打击深度降低,加工速度也变慢。

最佳进给压力与加工面积有关。一般而言,加工面积越小则单位面积的最佳进给压力可稍大。例如,采用圆形实心工具在玻璃上加工孔时,加工面积在$20mm^2$以上时,最佳静压力为$200\sim300kPa$;当加工面积为$5\sim13mm^2$时,其最佳静压力约为$400kPa$。

3）磨料种类和粒度对加工速度的影响

磨料硬度越高，加工速度越快。通常加工金刚石和宝石等高硬材料时，必须用金刚石磨料；加工硬质合金、淬火钢等材料时，宜采用硬度较高的碳化硼磨料；加工硬度不太高的脆硬材料时，可采用碳化硅；至于加工玻璃、石英、半导体等材料时，用氧化铝做磨料即可。

另外，磨料粒度越粗，加工速度越快，精度和表面粗糙度则越差。

4）磨料悬浮液对加工速度的影响

磨料悬浮液中磨料浓度低，加工间隙内磨粒少，特别在加工面积和深度较大时可能造成加工区局部无磨料的现象，使加工速度大大下降。在一定范围内，随着磨料悬浮液质量分数的增大，单位时间内磨料对工件的撞击次数增多，加工速度也越大。但质量分数过高将导致磨料在加工区域的循环运动受到影响和对工件的撞击运动产生影响，又会使加工速度降低。常用的质量分数是磨料与水的质量比，为0.5～1。

5）工件材料对加工速度的影响

超声加工适于加工高脆性的材料。材料越脆，则承受冲击载荷能力越差，在磨粒冲击下越易粉碎去除，加工速度也越大；而韧性较好的材料则不易加工。不同材料的超声可加工性如表 6-1 所示。

表 6-1　几种工作材料的超声可加工性

材　　料	脆　度	可加工性
玻璃、石英、陶瓷、锗、硅、金刚石等	大于 2	易加工
硬质合金、淬火钢、钛合金等	1～2	可加工
0.57 铅、软钢、铜等	小于 1	难加工

2. 加工精度及其影响因素

超声加工的精度，除受机床、夹具影响外，主要与工具精度、磨粒粒度、工具的横向振动及加工深度有关。

超声加工圆孔的尺寸精度可达±(0.02～0.05)mm。超声加工圆孔时，其形状误差主要有锥度和椭圆度。锥度是由于工具的磨损产生的，其大小与工具磨损量有关，如图 6-7 所示。工具磨损是在超声加工过程中，因工具也同时受到磨粒的冲击和空化作用而产生的。实践表明，当采用碳钢或不淬火工具钢制造工具时，磨损较小，制造容易，且疲劳强度高。

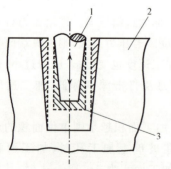

图 6-7　工具磨损对孔加工精度的影响
1-工具；2-工件；3-工具磨损

椭圆度大小与工具横向振动大小和工具沿圆周磨损不均匀有关。如果采用工具或工件旋转的方法,可以提高孔的圆度。

磨粒越细,颗粒越均匀,加工孔精度越高。尤其在加工深孔时,细磨粒有利于减小孔的锥度。在超声加工过程中,磨料会因冲击而逐渐磨钝并破碎,这些破碎和已钝化的磨粒会影响加工精度。所以,选择均匀性好的磨料并经常更换(使用10~15h后即需更换),对保证加工精度、提高加工速度是十分重要的。

3. 加工表面质量及其影响因素

超声加工因切削热小,不会产生表面烧伤和表面变质层。

超声加工的表面粗糙度与磨料粒度、工件材料性质、超声振动的振幅以及磨料悬浮液的液体成分等有关。磨料粒度越大、工件材料越脆、超声振动的振幅越大,则加工表面粗糙度值越大;反之,则加工表面粗糙度将得到改善,但生产率也随之降低。磨料粒度及工件材料与超声加工表面粗糙度的关系如图6-8所示。实践表明,用煤油或润滑油代替水作为磨料悬浮液的工作液可使表面粗糙度有所改善。超声加工的表面粗糙度 Ra 一般可为 $1\sim0.1\mu m$。

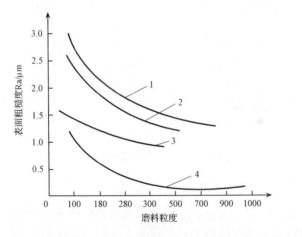

图 6-8　磨料粒度及工件材质对超声加工表面粗糙度的影响
1-玻璃;2-硅;3-工业矿物陶瓷;4-硬质合金

6.4　超声加工的应用

超声加工生产率虽比电火花、电解加工低,但其加工精度和表面粗糙度却更好,而且能加工各种硬脆的半导体或非导体材料,如玻璃、石英、陶瓷、硅、锗、铁氧体、宝石和玉器等,可加工型孔、型腔、异型孔、小孔、深孔、切割等。此外,超声加工在清洗、焊接、医疗、电镀、冶金等方面也有着广泛的应用。

1. 超声成形加工

超声打孔时,孔径比工具尺寸略有扩大,扩大量约为磨粒平均直径的 2 倍。一般超声打孔的孔径范围是 0.1～90mm,加工深度可达 100mm 以上。超声打孔孔径与超声加工功率的关系如表 6-2 所示。

表 6-2　超声打孔孔径与超声加工功率的关系

超声电源输出功率/W	50～100	200～300	500～700	1000～1500	2000～2500	4000
最大加工盲孔直径/mm	5～10	15～20	25～30	30～40	40～50	＞60
用中空工具加工最大通孔直径/mm	15	20～30	40～50	60～80	80～90	＞90

超声加工型腔、型孔,具有精度高、表面质量好的优点。加工某些冲模、型腔模、拉丝模时,先经过电火花、电解及激光加工(粗加工)后,再用超声波研磨抛光,以减小表面粗糙度值,提高表面质量。图 6-9 为部分超声成形加工实例。

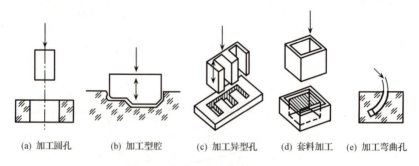

(a) 加工圆孔　　(b) 加工型腔　　(c) 加工异型孔　　(d) 套料加工　　(e) 加工弯曲孔

图 6-9　部分超声成形加工实例

对于三维曲面的型腔,采用成形工具进行超声成形加工时,由于工具损耗严重、加工间隙中悬浮磨料不均匀,从而影响复杂型面的加工精度。超声分层仿铣加工方法的出现解决了这一问题。利用简单工具超声分层仿铣加工三维陶瓷工件的加工装置如图 6-10 所示。

采用截面为圆形、方形、管状等简单形状的金属或石墨工具,像铣刀一样在数控机床上实现三维型腔的超声旋转铣削加工。机床本体采用数控立式铣床的框架结构,X、Y 轴都采用交流伺服电动机驱动,精密滚珠丝杠螺母传动,X、Y 轴联动使工作台带动工件完成 X-Y 平面上的加工轨迹。另一台交流电动机驱动换能器、变幅杆、工具头做整体旋转运动,Z 轴伺服电动机驱动旋转电动机、换能器、变幅杆、工具头一起做 Z 向进给运动。X、Y、Z 三轴伺服电动机由计算机控制。借助压力传感器实时检测工具和工件间的进给压力,并以压力信号对 Z 轴实现恒定进给压力的伺服控制。伺服电动机光电编码器反馈的位置信号与压力传感器反馈的信号,使

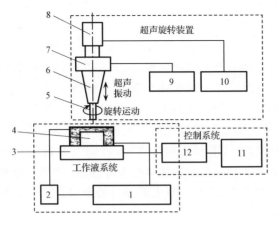

图 6-10 超声分层仿铣加工装置

1-磨料工作液槽;2-泵;3-工作台;4-工件;5-工具;6-变幅杆;7-换能器;
8-电动机;9-超声发生器;10-驱动器;11-计算机;12-驱动卡

整个系统构成双闭环控制。通过循环的压力反馈、数值比较以及控制进给实现 Z 轴的在线补偿,从而保证加工精度。超声数控分层仿铣加工可以用于加工那些传统成形加工有困难甚至无法加工的工件,特别是具有三维型腔的零件,为陶瓷等硬脆材料的推广应用提供有力的技术支持,将是硬脆材料加工的新的发展方向。

2. 超声切割

采用超声加工切割脆硬的半导体材料具有普通机械切割所无可比拟的优势,是一种较为有效的方法。图 6-11 所示为超声切割单晶硅片示意图,采用薄钢片或磷青铜片制成的成组刀片,一次可切割 10~20 片。

3. 复合加工

利用超声波加工硬质合金、耐热合金等金属材料时,存在加工速度低、工具损耗大等问题。

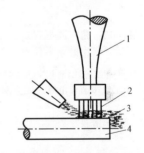

图 6-11 超声切割

1-变幅杆;2-工具(薄钢片);3-磨料悬浮液;4-工件(单晶硅)

为了提高加工速度,降低工具损耗,可以把超声波加工与其他加工方法结合起来,这就是所谓的复合加工。例如,采用超声波与电化学或电火花加工结合加工喷油嘴、喷丝板上的小孔或窄缝,能极大地提高加工速度和加工质量。图 6-12 为超声波电解复合加工小孔和深孔的示意图。工件 5 接直流电源 6 的正极,工具 3(钢丝、钨丝或铜丝)接负极,在工件与工具间加直流电压,采用浓度的硝酸钠等钝化性电解液混加磨料作为电解液。工件被加工表面在电解液中产生阳极溶解,电解产物阳极钝化膜被超声频振动的工具和磨料破坏,由于超声波振动引起的空化作用加速了钝化膜的破坏和磨料电解液的循环更新,从而使加工速度和质量大大提高。

在光整加工中,利用导电油石或镶嵌金刚石颗粒的导电工具,对工件表面进行电解超声波复合抛光加工,更有利于改善表面粗糙度。如图6-13所示,用一套超声振动系统使工具头产生超声频振动,并在变幅杆上接直流电源阴极,在被加工工件上接直流电源阳极。电解液由外部导管导入工作区,也可以由变幅杆内的导管流入工作区。于是在工具和工件之间产生电解反应,工件表面发生电化学阳极溶解,电解产物和阳极钝化膜不断地被高频振动的工具头刮除并被电解液冲走。这种方法,由于有超声波的作用,使油石的自砺性好,电解液在超声波作用下的空化作用使工件表面的钝化膜去除加快,增加了金属表面活性,使金属表面凸起部分优先溶解,从而达到表面平整的效果。工件表面的粗糙度Ra值可达到$0.15\sim0.17\mu m$。

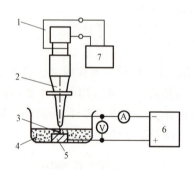

图6-12 超声波电解复合加工小
孔抛光原理图

1-换能器;2-变幅杆;3-工具;4-电解液和磨料;
5-工件;6-直流电源;7-超声发生器

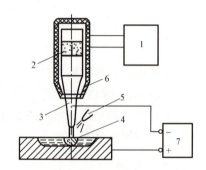

图6-13 手携式电解超声波复合抛光原理图

1-超声发生器;2-压电陶瓷换能器;3-变幅杆;
4-导电油石;5-电解液喷嘴;6-工具手柄;
7-直流电源

4. 超声清洗

对形状复杂而且有缝隙存在的器件,如喷油嘴、微型轴承、手表机芯、印制电路板、集成电路微电子器件等,用一般的清洗方法是难以奏效的,而超声清洗则显示了它的优越性。超声清洗的原理是基于超声波在液体介质中传播时的空化作用。超声波在清洗液中疏密相间地向前辐射,使液体流动而产生数以万计的微小气泡,这些气泡在超声波纵向传播生成的负压区形成、生长,而在正压区迅速闭合。在这种被称之为"空化"效应的过程中,气泡闭合可形成超过1000个大气压的瞬间高压,连续不断地产生的高压就像一连串小"爆炸"不断地冲击工件表面,使工件表面及缝隙中的污垢迅速剥落,从而达到净化的目的。超声清洗装置示意图如图6-14所示。

超声清洗除用于工业生产外,在生活中也逐渐得到利用。例如,运用超声波技术的超声洗衣机已经出现。与传统洗涤方式不同,超声洗衣机不用洗衣粉,主要利

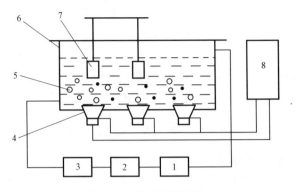

图 6-14　超声清洗装置

1-泵;2-过滤器;3-加热器;4-换能器;5-空化泡;6-清洗槽;7-工件;8-超声发生器

用超声波的"空化"作用,产生巨大能量,将污垢从衣物上"振"下来溶解到水中,然后再通过内筒的转动对衣物进行摔打和水流穿透,洗净衣物。超声洗衣具有清洗彻底、无水污染、节水等特点,具有广阔的应用前景。

5. 超声焊接

超声焊接的原理是:把超声振动施加到叠合在一起的两个物体上,两个物体间会因高频振动而摩擦发热,并在一定压力下因塑性流动而形成原子结合或原子扩散而实现焊合,如图 6-15 所示。

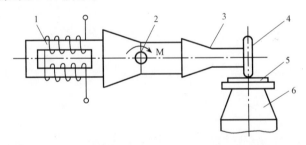

图 6-15　超声焊接

1-换能器;2-固定轴;3-变幅杆;4-焊接工具头;5-被焊工作;6-反射体

超声焊接对其他焊接方法难以或根本无法实现的特殊焊接有着独特的优势,特别是这种焊接无明火产生,这对某些特殊场合,如火药密封、塑料焊接等是非常适合的。超声焊接时材料不经熔化,受热影响小,结合处不是铸态组织,因而结合强度高。此外,由于加压负荷小,材料变形也很小。超声焊接还具有无污染、可焊接不同金属、焊接时间很短(一般在数秒甚至零点几秒之内就完成焊接)、焊接前后无须对材料表面进行清理等优点。

超声焊接常用的频率在 60 kHz 左右。超声焊接的具体应用有:钛-铜焊接;铝-锆焊接;塑料焊接,如塑料袋封口、录音磁带盒的四角封焊、塑料瓶封口、塑料壳电容器封焊、计算机软盘封焊等；在电器零件中，把金属螺纹或导电片等嵌入塑料座内，以及使用塑料铆钉的铆接（塑料铆钉在高频振动下发热变软，然后在一定压力下铆合）等。在大规模集成电路的引线连接上也已广泛采用了超声焊接，所用引线直径可细到 $30\mu m$ 甚至 $15\mu m$ 左右，可以实现铝丝或金丝与硅片或集成电路芯片的焊接。

思 考 题

1. 简述超声加工的原理。

2. 超声加工有哪些特点？

3. 什么是超声波的空化作用？

4. 超声加工机床主要由哪些部分组成，各有什么功能？

5. 超声加工中常用的磨料有哪几种，各有什么应用，磨料粒度应如何选择？

6. 为什么超声加工技术特别适合于加工硬脆材料？

7. 影响超声加工速度的因素有哪些，有什么影响？

8. 影响超声加工精度的因素有哪些，有什么影响？

9. 影响超声加工表面质量的因素有哪些，有什么影响？

10. 试举例说明超声波在工业、农业或其他行业中的应用情况。

参 考 文 献

丛文龙.2005.数控特种加工技术.北京:高等教育出版社

刘晋春,赵家齐等.1999.特种加工.3 版.北京:机械工业出版社

赵万生.2001.特种加工技术.北京:高等教育出版社